과학공화국
지구법정

4
지표의 변화

과학공화국 지구법정 4
지표의 변화

ⓒ 정완상, 2007

초판 1쇄 발행일 | 2007년 4월 15일
초판 19쇄 발행일 | 2023년 12월 1일

지은이 | 정완상
펴낸이 | 정은영
펴낸곳 | (주)자음과모음

출판등록 | 2001년 11월 28일 제2001-000259호
주소 | 10881 경기도 파주시 회동길 325-20
전화 | 편집부 (02)324-2347 경영지원부 (02)325-6047
팩스 | 편집부 (02)324-2348 경영지원부 (02)2648-1311
e-mail | jamoteen@jamobook.com

ISBN 978-89-544-1371-8 (04450)

과학공화국

지구법정

4
지표의 변화

정완상(국립 경상대학교 교수) 지음

㈜자음과모음

생활 속에서 배우는 기상천외한 과학 수업

지구과학과 법정, 이 두 가지는 전혀 어울리지 않은 소재들입니다. 그리고 여러분이 제일 어렵게 느끼는 말들이기도 하지요. 그럼에도 이 책의 제목에는 분명 '지구법정'이라는 말이 들어 있습니다. 그렇다고 이 책의 내용이 아주 어려울 거라고 생각하지는 마세요.

저는 법률과는 무관한 과학을 공부하는 사람입니다. 하지만 '법정'이라고 제목을 붙인 데는 이유가 있습니다.

이 책은 우리의 생활 속에서 일어나는 여러 가지 재미있는 사건을 다루고 있습니다. 그리고 과학적인 원리를 이용해 사건들을 차근차근 해결해 나간답니다. 그런데 크고 작은 사건들의 옳고 그름을 판단하기 위한 무대가 필요했습니다. 바로 그 무대로 법정이 생겨나게 되었답니다.

왜 하필 법정이냐고요? 요즘에는 〈솔로몬의 선택〉을 비롯하여 생활 속에서 일어나는 사건들을 법률을 통해 재미있게 풀어 보는 텔레비전 프로그램들이 많습니다. 그런데 그 프로그램들이 재미없다고 느껴지지는 않을 것입니다. 사건에 등장하는 인물들이 우스꽝스럽고, 사건을 해결하는 과정도 흥미진진하기 때문입니다. 〈솔로몬의 선택〉이 법률 상식을 쉽고 재미있게 얘기하듯이, 이 책은 여러분의 지구과학 공부를 쉽고 재미있게 해 줄 것입니다.

여러분은 이 책을 읽고 나서 자신의 달라진 모습에 놀라게 될 것입니다. 과학에 대한 두려움이 싹 가시고, 새로운 문제에 대해 과학적인 호기심을 보이게 될 테니까요. 물론 여러분의 과학성적도 쑥쑥 올라가겠죠.

끝으로 이 책을 쓰는 데 도움을 준 (주)자음과모음의 강병철 사장님과 모든 식구들에게 감사를 드리며 스토리 작업에 참가해 주말도 없이 함께 일해 준 조민경, 강지영, 이나리, 김미영, 도시은, 윤소연, 강민영, 황수진, 조민진 양에게 감사를 드립니다.

진주에서
정완상

목차

판사

지치 변호사

어쓰 변호사

지구법정의 탄생

태양계의 세 번째 행성인 지구에 '과학공화국'이라 부르는 나라
가 있었다. 이 나라는 과학을 좋아하는 사람이 모여 살고 인근에는
음악을 사랑하는 사람들이 살고 있는 뮤지오 왕국과 미술을 사랑
하는 사람들이 사는 아티오 왕국, 그 밖에 공업을 장려하는 공업공
화국 등 여러 나라가 있었다.

과학공화국은 다른 나라 사람들보다 과학을 좋아했지만 과학의
범위가 넓어 어떤 사람은 물리나 수학을 좋아하는 반면 또 어떤 사
람은 지구과학을 좋아하기도 했다.

특히 다른 모든 과학 중에서 자신들이 살고 있는 행성인 지구의
신비를 벗기는 지구과학은, 과학공화국의 명성에 걸맞지 않게 국
민들의 수준이 그리 높은 편은 아니었다. 그리하여 지리공화국의
아이들과 과학공화국의 아이들이 지구에 관한 시험을 치르면 오히
려 지리공화국 아이들의 점수가 더 높을 정도였다.

특히 최근 인터넷이 공화국 전역에 퍼지면서 게임에 중독된 과학공화국 아이들의 과학 실력은 기준 이하로 떨어졌다. 그러다 보니 자연스럽게 과학 과외나 학원이 성행하게 되었고 그런 와중에 아이들에게 엉터리 과학을 가르치는 무자격 교사들도 우후죽순 나타나기 시작했다. 지구과학은 지구의 모든 곳에서 만나게 되는데 과학공화국 국민들의 지구과학에 대한 이해가 떨어져 곳곳에서 지구과학과 관련한 문제로 분쟁이 끊이지 않았다. 그리하여 과학공화국 대통령은 장관들과 이 문제를 논의하기 위해 회의를 열었다.

"최근 들어 자주 불거지고 있는 지구과학과 관련한 분쟁을 어떻게 처리하면 좋겠소."

대통령이 힘없이 말을 꺼냈다.

"헌법에 지구과학 부분을 좀 추가하면 어떨까요?"

법무부 장관이 자신 있게 말했다.

"좀 약하지 않을까?"

대통령이 못마땅한 듯이 대답했다.

"그럼 지구과학과 관련된 문제를 다루는 새로운 법정을 만들면 어떨까요?"

지구부 장관이 말했다.

"바로 그거야. 과학공화국답게 그런 법정이 있어야지. 그래…… 지구법정을 만들면 되는 거야. 그리고 그 법정에서 내리는 판례들을 신문에 실으면 사람들이 더는 다투지 않고 자신의 잘못을 인정할 수 있을 거야."

대통령은 입을 환하게 벌리고 흡족해했다.

"그럼 국회에서 지구과학법을 새로 만들어야 하지 않습니까?"

법무부 장관이 약간 불만족스러운 듯한 표정으로 말했다.

"지구과학은 우리가 사는 지구와 태양계의 주변 행성에서 일어나는 자연 현상입니다. 따라서 누가 관찰하든지 같은 현상에 대해서는 같은 해석이 나오는 것이 지구과학입니다. 그러므로 지구과학법정에서는 새로운 법이 필요가 없습니다. 혹시 다른 은하에 대한 재판이라면 모를까……."

지구부 장관이 법무부 장관의 말을 반박했다.

"그래, 맞아."

대통령은 지구법정을 만들기로 벌써 결정한 것 같았다. 이렇게 해서 과학공화국에는 지구과학과 관련된 문제를 판결하는 지구법정이 만들어졌다. 초대 지구법정 판사는 지구과학에 대한 책을 많이 쓴 지구짱 박사가 맡게 되었다. 그리고 두 명의 변호사를 선발했는데 한 사람은 지구과학과를 졸업했지만 지구과학에 대해 그리 깊이 알지 못하는 '지치'라는 이름의 40대 변호사였고, 다른 한 변호사는 어릴 때부터 지구과학 경시대회에서 항상 대상을 받은 지구과학 천재, '어쓰'였다. 이렇게 해서 과학공화국 사람들 사이에서 벌어지는 지구과학과 관련된 많은 사건들이 지구법정의 판결을 통해 깨끗하게 마무리될 수 있었다.

대기에 관한 사건

공기 오염을 막는 가로수

나무로 어떻게 공기 청정기를 만들 수 있을까요?

"콜록, 콜록."

"킁, 킁."

"요즘 들어서 감기는 아닌 것 같은데 재채기도 많이 나고, 콧물도 장난이 아냐."

"너도 그래? 나도 아침에 일어나면서부터 콧물이 쥘쥘쥘. 코를 넘 풀었더니 코 밑이 다 헐었어."

"나만 그런 게 아니구낭, 울 엄마가 그러는데 이게 다 환경 오염 때문에 알레르기가 일어나는 거래."

최근 과학공화국에서는 대기 오염으로 인해 건강에 문제가 생기는 사람들이 많아졌다. 그러자 과학공화국에서는 대기 오염을 줄이자는 소리가 높아졌다. 이러한 움직임에 따라 많은 환경 단체들이 경쟁하듯 생겨났다. 그 중에서도 가장 큰 목소리를 내는 단체는 지구 살리기 모임이었다.

"대기 오염을 줄여야 합니다. 우리가 들이쉬는 공기를 더럽게 해서는 우리의 미래도 없습니다."

"대기 오염을 줄이기 위해 대중 교통을 이용하도록 합시다."

"공장에서는 대기를 파괴할 수 있는 물질을 곧바로 내보내지 말고 한 번 깨끗이 정화한 후에 내보내는 것을 생활화합시다."

어찌나 환경 오염에 관해 많이 말했던지 지구 살리기 모임에서 하는 말은 귀에 박혀 욀 정도였다.

그러던 어느 날 과학공화국의 트리시티에서 모든 가로수를 교체하자는 의견이 나왔다. 하지만 어떤 나무로 교체할 것인가를 두고 의견이 나누어졌다.

"저같이 순결한 사람이 사는 곳에는 백합나무가 딱이에요. 백합나무로 합시다."

"가을의 낭만이 좋은 저 같은 사람에겐 은행나무가 좋아요. 은행나무로 해요."

"뭐니 뭐니 해도 나무계의 짱, 소나무로 해야 해요."

"은행나무라니까요."

이렇게 시의 공청회 때마다 시민들은 서로 자신이 좋아하는 나무를 가로수로 심자고 목소리를 높였다.

시에서는 전문가들과 협의를 하여 조만간 가로수 종류를 결정하고 필요한 만큼 나무를 수입해 오겠다고 했다. 시민들은 저마다 좋아하는 나무가 가로수로 선택되리라는 기대로 들떠 있었다. 그리고 며칠 후 시정 활동을 보고하는 시의 홈페이지에 다음과 같은 기사가 올라왔다.

트리시티의 가로수는 가죽나무로 결정되었습니다.

"가죽나무로 할 것 같으면 시민들 의견을 왜 물어 봤대?"

"예쁘지도 않고 크기만 한 나무가 뭐 좋다고 그 나무래? 백합나무가 짱인데!"

"이건 말도 안 되는 시추에이션이야. 은행아, 이 언니가 꼭 은행이가 가로수가 되게 할게, 걱정 말아!!"

모두들 한마디씩 쓴소리를 해대기 시작했다. 사실 시민들도 그럴 만한 것이 가죽나무는 시민들이 제안한 나무보다 예쁘지도 않았다. 뿐만 아니라 가을에 낙엽이 날리면 잎이 얼마나 큰지 그 처리도 여간 신경 쓰이는 것이 아닐 것이다. 결국 시민들은 시의 결정을 받아들이지 못했다. 시민들은 시와 업자 사이에 뭔가 은밀한 거래가 있었기 때문에 가죽나무가 시의 나무로 채택되었다고 생각했다. 그리하여 시민들은 시 관계자를 지구법정에 고소했다.

가죽나무는 대기 오염의 원인이 되는 아황산가스,
이산화질소 등의 공해 물질을 흡수해
환경을 정화하는 기능이 뛰어납니다.

여기는 지구법정

가죽나무가 가로수로 결정된 이유는 뭘까요?

지구법정에서 알아봅시다.

재판을 시작합니다. 먼저 원고측 변론하세요.

뭔가 냄새가 나요.

무슨 냄새가 난다는 거요? 누가 방귀라도 뀌었나?

그런 냄새가 아니고요.

그럼 무슨 냄새를 말하는 거요?

돈이 오고간 냄새 말입니다.

누구와 누구 사이에…….

그야 시 관계자와 가죽나무 판매업자 사이죠. 보기 좋은 나무들 다 두고 가죽나무가 웬 말입니까? 당장 아름다운 다른 가로수로 바꾸도록 조처해 주시고 시 관계자와 판매업자를 구속하세요.

아직 재판 안 끝났어요, 지치 변호사.

그럼 조금 기다리지요.

피고측 변론하세요.

가로수 연구소의 가로목 박사를 증인으로 요청합니다.

환경 정화수

환경부가 추천하는 환경 정화수는 큰키나무와 작은키나무로 분류할 수 있는데요, 큰키나무로는 은행나무, 양버즘나무, 단풍나무, 가죽나무, 상수리나무 등이 있고 작은키나무로는 무궁화, 개나리, 라일락, 산수유 등이 있습니다.

어깨가 넓고 몸집이 있는 40대
남자가 성큼성큼 증인석으로 들어왔다.

가죽나무

가죽나무는 가짜 죽나무라는 뜻
으로 가중나무라고도 합니다. 성
장이 빠른 편이며 높이는 20~27
미터가량 됩니다. 나무껍질은 회
갈색이며 여름에 연두색 꽃이 핍
니다. 목재는 가로수나 가구재
등으로 쓰고, 잎은 가죽나무 누
에의 사료로 쓰입니다.

증인이 하는 일은 뭐죠?

가로수 연구입니다.

가로수가 뭐 연구할 게 있습니까? 그냥
예쁘기만 하면 되는 거 아닌가요?

그렇지 않습니다. 가로수는 환경을 정화
하는 기능이 있어야 합니다.

그게 무슨 말이죠?

가로수는 도시의 공기를 맑게 해 주고 도시에서 발생하는 소
음을 줄이는 역할을 해야 하잖아요?

그렇겠군요. 그런데 그것과 가죽나무랑 무슨 관계가 있지요?

가로수 연구소에서 실험한 결과, 가죽나무는 도시의 공기를
오염시키는 주범인 아황산가스를 가장 많이 흡수합니다. 가
죽나무 한 그루가 아황산가스 약 50그램, 이산화질소 약 13그
램, 이산화탄소 약 3그램을 흡수하니까 놀랍지 않습니까?

다른 나무들도 그런 기능이 있나요?

가죽나무에는 못 미치지만 은행나무는 아황산가스 21그램,
이산화질소 4그램, 이산화탄소 3그램을 흡수하지요. 하지만
많은 도시에서 가로수로 사용되고 있는 플라터너스의 아황산

가스 흡수량은 약 6그램에 불과합니다. 그러므로 가죽나무를 가로수로 사용하는 것이 도시의 공기를 맑게 해 주는 데 가장 효과가 있지요.

 가죽나무가 그런 역할을 하는 줄 처음 알았어요.

판결합니다. 피고측 증인의 말처럼 가죽나무가 도시 공기의 최대 오염원인 아황산가스나 이산화질소를 가장 잘 흡수한다는 것을 알게 되었습니다. 그러므로 원고측에서 주장한 시 관계자와 가죽나무 판매업자 사이의 비밀 거래 주장은 아무 근거가 없다고 판결합니다. 그리고 모든 시의 가로수를 가죽나무로 심도록 정부에 건의할 방침입니다.

지구의 대기, 우리가 지키자!

대기 오염을 최소화하기 위한 생활 습관을 여러분들께 소개하겠습니다. 여러분들도 꼭 실천해서 지구의 파수꾼이 되어 주세요.

1. 자동차 대신 대중 교통을 이용합시다.
2. 에어컨 사용을 최소화합시다.
3. 나무는 대기의 오염 물질을 흡수하므로 나무를 많이 심읍시다.
4. 전기를 사용하지 않을 때는 반드시 끄는 습관을 가집시다.
5. 헤어 스프레이, 유성 페인트 등의 사용을 줄입시다.
6. 생활 용품을 아껴 씁시다.
7. 플라스틱이나 비닐을 함부로 태우지 맙시다.

선글라스를 주세요

스키를 탈 때 선글라스를 쓰지 않으면 왜 사고가 날까요?

"드디어 겨울이야! 고대하고 고대하던 스키의 계절인 게야. 으하하하!!"

겨울이 오기 전부터 과학공화국 사람들은 겨울 스포츠에 대한 기대가 컸다. 드디어 겨울이 오자 사람들은 기다렸다는 듯 스키장으로 몰려들기 시작했다. 스키의 인기에 힘입어 스키 용품 업자들은 한껏 기대에 부풀어 있었다. 더 많은 판매를 위해서 대대적인 홍보에 들어갔다. 큰 홍보 전략의 하나로 전국에서 제일 큰 스키장인 무주르 리조트에서 아마추어 스키 대회를 벌이기로 했다.

"오우, 스키 대회를 한다는데. 역시 한스키 하는 날 위한 대회인 거야."

"너, 날 앞에 두고 그런 말 나오니? 캬캭! 스키의 신인 나를 위한 대회야 이건."

스키 열풍에 더해 스키 대회의 홍보 효과는 엄청났다. 많은 아마추어 선수들이 실력을 뽐내기 위해 무주르 스키장으로 모여들었다. 어찌나 사람들이 많은지 스키를 타기도 힘들 지경이었다.

"자자, 질서를 지켜 주세요. 그래야 빨리 진행됩니다."

대회 주최 측에서도 정신이 없어 보였다. 참가자가 너무 많아서 대회는 낮부터 열리는 1조 경기와 밤에 열리는 2조 경기로 나누어서 치러졌다.

평소 스키 선수가 되는 게 꿈이었던 이스키 선수도 이 대회에 참가했다. 그가 참가하는 시간은 낮 2시였고 종목은 여러 개의 폴대를 지그재그로 빠져나가 빠른 시간에 골인해야 하는 활강 경기였다.

평소 날렵한 스키 실력을 자랑하는 이스키 선수는 특히 이 종목에 좋은 기록을 가지고 있었다. 그런데 시합 전부터 대회 관계자와 이스키 선수 사이에 다툼이 생겼다.

"선글라스를 벗고 타세요."

"무식하기는, 그러면 위험하다고요."

"당신은 대회에 임하는 자세가 안 되어 있어요. 여기 , 여기 규정

집에 쓰인 글 안보여요? 선글라스 노!"

"아, 진짜 이걸 벗으면 안 되는데……?"

하지만 이스키 선수는 대회 규정을 들어 한 치의 양보도 없는 관계자를 이길 수 없었다. 하는 수 없이 이스키 선수는 선글라스를 벗고 스타트했다. 이스키 선수의 우려와는 달리 그는 날렵하게 스키를 지치면서 내려오고 있었다.

"오우, 이스키 잘한다~~."

이스키 선수의 그 모습에 사람들이 환호를 보내고 있었다. 바로 그 때, 첫 번째 폴대를 멋지게 통과한 이스키 선수가 갑자기 눈에 통증이 생긴 듯 눈을 감싸쥐며 고통스러워하다가 두 번째 폴대를 그냥 지나치고 있었다. 워낙 순식간에 일어난 일이라 구경꾼들도 황당해하고 있었다. 두 번째 폴대를 지나쳐 버린 이스키 선수는 결국 실격 처리되었다. 결국 활강 챔피온은 밤 9시에 출전한 나르리 선수가 차지했다. 경기가 끝난 후 억울함에 울먹이던 이스키 선수는 대회 관계자를 찾아갔다.

"눈이 아파서 폴대를 볼 수 없었어요. 선글라스를 못 쓰게 했기 때문에 일어난 일이니까 재경기를 하게 해 주세요."

하지만 대회 관계자는 이미 경기가 끝났다며 이스키 씨의 제안을 거절했다. 그러자 이스키 씨는 이 대회는 공정하게 치러지지 않았다며 대회 관계자를 지구법정에 고소했다.

자외선이 우리 눈으로 들어오면 망막을 상하게 할 수 있고
심하면 시력을 잃을 수도 있으므로 스키를 탈 때는 자외선을
차단할 수 있는 선글라스나 고글을 착용하는 것이 좋습니다.

자외선은 우리 눈에 어떤 영향을 줄까요?
지구법정에서 알아봅시다.

재판을 시작합니다. 피고측 변론하세요.

추첨을 통해 낮과 밤에 경기를 벌일 선수를 공정하게 뽑았어요. 그래서 원고는 낮에 경기를 하는 걸로 결정되었고요. 오히려 낮에는 밝은 태양이 있어 폴대가 더 잘 보이니까 밤보다는 더 유리한 거 아닙니까? 자신의 실력은 생각하지 않고 대회 관계자를 고소하다니 이건 선수의 기본 자세가 안 되어 있다는 얘기죠.

원고측 변론하세요.

과연 그럴까요? 저는 이 문제에 대해 자외선 연구소 소장인 이보라 박사를 증인으로 요청합니다.

보라색 코트를 입고 보라색 머플러를 한 30대의 여자가 증인석에 앉았다.

증인이 하는 일은 뭐죠?

자외선과 생활과의 관계를 연구하고 있습니다.

이번 사건이 자외선과 관계 있습니까?

그렇습니다. 자외선은 11시부터 2시 사이에 가장 강하지요.

하지만 자외선은 여름에만 강한 거 아닌가요?

그렇지 않습니다. 겨울철에도 맑은 날 낮에는 자외선이 강하지요.

그럼 자외선 때문에 스키를 타면서 문제가 생길 수 있습니까?

자외선은 아주 위험한 빛입니다. 진동수가 커서 에너지가 아주 큰 빛이지요. 이 빛은 비록 우리 눈에 보이지는 않지만 눈에 반사된 자외선이 우리 눈으로 들어오면 망막을 상하게 할수가 있지요. 그리고 심하면 시력을 잃을 수도 있어요.

그럼 어떻게 해야하지요?

자외선을 차단할 수 있는 선글라스나 고글을 사용하는 것이 좋습니다. 스키장뿐 아니라 눈 덮인 높은 산을 오르는 산악인들도 이 점 때문에 선글라스보다 자외선을 더 많이 차단할 수 있는 고글을 착용하지요.

선글라스, 색깔별로 골라 끼는 재미가 있다!

선글라스의 렌즈를 선택할 때는 자외선 차단이라는 효과 외에도 어떤 색깔의 렌즈를 선택하느냐에 따라 각기 다른 효과를 볼 수 있습니다.

가시광선 영역의 빛을 받을 때 노란색 렌즈를 끼면 노란색 계열의 빛이 잘 들어오는데 노란색 렌즈는 흐린 날에 끼는 것이 좋으며, 원거리 경치를 볼 때 적합해 스키를 탈 때 제격입니다.

마찬가지로 녹색 렌즈를 끼면 녹색 계열의 빛이 시야에 더 잘 들어옵니다. 이때 녹색 렌즈는 눈을 편안하게 해 주기 때문에 해변이나 일상에서 착용하면 좋습니다. 그리고 회색은 색의 왜곡을 최소화 시켜 자연 상태의 색과 가장 가깝게 보이도록 합니다.

그럼 선글라스를 쓰지 않을 때는 밤에 더 잘 보이겠군요.

그렇죠. 밤에 태양이 진 후에는 조명에서 빛이 나오는데 여기서도 약간의 자외선은 나오지만 태양에서 나오는 자외선에 비하면 거의 무시할 수 있을 정도이니까요.

그렇다면 이 대회는 공정하지 않았다는 결론이 나옵니다. 판사님의 현명한 판결을 부탁드립니다.

판결합니다. 선글라스는 멋을 부리는 데 쓰이기도 하지만 이번 사건처럼 태양에서 오는 자외선을 막아 줘 우리가 앞을 볼 수 있게 하는 데도 쓰이므로 선글라스를 쓰지 못하게 한 대회 규정은 정당하지 않다고 판결합니다. 그러므로 선글라스를 쓰고 재경기를 할 것을 결정합니다.

하늘로 올라갈수록
더워진다고요?

성층권에서 위로 갈수록 온도가 높아지는 이유는 뭘까요?

"제 꿈은 공기, 대기에 관해 연구하는 것입니다. 눈에 보이지는 않지만 언제나 우리 주변에 있는 대기에 관한 이야기들이 좋습니다. 대기를 깊이 연구하여 우리가 모르는 수수께끼에 답해 줄 수 있는 책을 쓰고 싶습니다."

미래의 꿈을 발표할 때면 김대기 군은 항상 대기 과학자가 되는 것이 자기의 꿈이라고 말했다. 몇 해 전 아버지가 사 준 풍선과《대기》라는 책을 본 후로 김대기 군의 머리는 대기에 관한 생각으로 가득 차게 되었다. 그 후로 대기군은 하늘에 관한 과학책을 하루도 빠지지 않고 매일 읽었다.

　그러던 어느 날 대기닷컴이라는 출판사에서 나온 《하늘 여행》이라는 책을 읽던 김대기 군은 책 중간쯤에서 더 이상 진도를 나가지 못한 채 골똘히 생각에 잠겨 있었다.

　"이게 무슨 소리야? 내가 배운 것과는 다른 것 같은데. 책이 잘못 되었나?"

　김대기 군이 읽던 페이지에는 다음과 같은 글이 적혀 있었다.

> 대류권에서는 위로 올라갈수록 온도가 점점 낮아지고, 성층권에서는 위로 올라갈수록 온도가 점점 높아진다.

　"분명 위로 올라가면 지표로부터 멀어지니까 온도가 낮아질 텐데. 그런데 왜 성층권에서는 온도가 점점 높아진다는 거지?"

　김대기 군은 의문이 풀리지 않았다. 궁금한 것은 절대 참지 못하는 김대기 군은 책을 앞뒤로 차곡차곡 넘기며 그 해답을 찾으려 애썼다. 하지만 책에는 그 이유에 대해 한 줄도 쓰여 있지 않았다.

　"아마 이 책이 틀렸을 거야."

　김대기 군은 이렇게 생각하고는 자신이 운영하는 카페에 《하늘 여행》에 오류가 있다는 글을 적었다.

"《하늘 여행》 100페이지 완전 틀린 부분 있음. 출판사에서 실수한 것이라 생각됨. 출판사 조심해 주기 바람."

　야무지고 당찬 김대기 군은 출판사에 대한 충고 한마디도 잊지 않았다.

　김대기 군의 카페는 투멤 카페였다. 위낙 인기가 많았기 때문에 많은 아이들이 이 글을 펌해 가서 여기저기 올려 놓았다. 덕분에 인기를 끌던 《하늘 여행》이라는 책은 순식간에 인기꽝이 되어 버렸다.

　갑자기 판매가 줄어들자 대기닷컴에서는 어찌된 영문인지 알기 위해 조사에 나서기로 했다. 그러던 중 그 이유가 김대기 군이 카페에 올린 글 때문임을 알아냈다.

　"김부장, 초히트 《하늘 여행》이 왜 인기꽝이 되었는지는 알아보았는가?"

　"그게 말입니다. 김대기 군이 운영하는 대기짱 카페에 엄한 글이 하나 올라와서 그런 것 같습니다."

　"뭐야? 제대로 알지도 못한 채 틀린 글을 올려 버리면 우리는 어쩌란 말이야? 녀석이 초딩이긴 하지만, 이참에 제대로 된 과학 지식을 알려줄 필요가 있겠어."

　김대기 군의 카페 이야기를 들은 대기닷컴 짱은 김대기 군에게 제대로 된 지식을 전달하기 위해서라도 지구법정의 힘을 빌릴 필요가 있다고 생각했다.

높이 25km에서 30km 사이의 성층권에는 오존이라는 기체가
많이 모여 있는데 오존은 태양에서 오는 자외선을 흡수하기 때문에
위로 올라갈수록 온도가 높아집니다.

성층권에서는 위로 올라갈수록
온도가 올라갈까요?
지구법정에서 알아봅시다.

재판을 시작합니다. 피고측 변론하세요.

어린 아이가 카페에 올린 글 가지고 무슨
판매 부진이 일어납니까? 아마 책이 한물
갈 때가 되어서 그런 거 아닌가요? 만일 책의 내용이 옳다고
확신하면 김대기 군이 올린 사이트에 리플을 달아 김대기 군
이 틀린 것을 지적하면 되지 않습니까? 속 좁게 어린 아이를
고소까지 하다니 부끄러운 줄 아세요.

원고측 변론하세요.

원고인 대기닷컴은 이번 판결 결과에 관계 없이 김대기 군을
용서해 주기로 결정했습니다. 하지만 이렇게 법정까지 오게
된 것은 《하늘 여행》의 내용이 완벽하게 옳다는 것을 알리기
위한 것뿐이지요.

알겠습니다. 그럼 변론하세요.

증인으로 대기 과학 연구소의 이대기 소장을 요청합니다.

노란 양복에 흰 구두를 신은 40대의 남자가 증인석에 앉
았다.

대기라는 게 뭡니까?

대기는 지구를 둘러싼 거대한 공기층입니다.

그럼 대류권, 성층권은 뭐죠?

대기권은 네 개의 층으로 되어 있습니다.

- 대류권: 지표에서 지상 10km까지
- 성층권: 지상 10km부터 지상 50km까지
- 중간권: 지상 50km부터 지상 80km까지
- 열권: 지상 80km 이상

높이에 따라 이름이 다르군요.

그렇습니다.

이렇게 구별할 필요가 있나요?

각 권마다 온도의 변화가 다릅니다.

그건 무슨 말이죠?

대류권에서는 위로 올라갈수록 온도가 낮아지다가, 성층권에서는 올라갈수록 온도가 높아지고, 다시 중간권에서는 위로 올라갈수록 온도가 낮아지다가, 열권에서는 위로 올라갈수록 온도가 높아지지요.

그럼 책의 내용이 사실이군요.

그렇습니다.

왜 성층권에서 위로 올라갈수록 온도가 높아지죠?

성층권에는 높이 25킬로미터에서 30킬로미터 사이에 오존이라는 기체가 많이 모여 있습니다. 오존은 태양에서 오는 자외선을 흡수하지요. 그런데 오존이 자외선을 흡수하면 뜨거워지거든요. 그래서 오존이 많은 성층권은 위로 올라갈수록 온도가 높아지는 거죠.

게임이 끝난 것 같습니다. 판사님. 김대기 군이 실수한 것으로 결론이 났지요?

판결합니다. 요즘 인터넷에서는 확실한 근거도 없이 마치 진실인 것처럼 돌고 도는 얘기들이 문제를 일으키고 있습니다. 이는 젊은이들이 책임감 없이 글을 올리기 때문이지요. 일단 이번 사건은 김대기 군이 어린 관계로 큰 죄를 묻지는 않겠지만 김대기 군은 앞으로 카페를 통해 자신이 올린 글이 사실이 아니며《하늘 여행》의 내용이 맞다는 글을 올릴 것을 판결합니다.

비행기는 정말 성층권에서 비행하나요?

비행기에도 상당히 많은 종류의 비행기가 있습니다. 이중 대류권 내에서 비행하는 비행기와 성층권에서 비행하는 비행기로 나눌 수 있지요.

성층권은 대류(공기의 흐름)가 일어나지 않아 기상 현상도 발생하지 않습니다. 따라서 자연 현상으로 인한 피해가 없어 안전하게 운행할 수 있다는 장점이 있지요. 이러한 장점 때문에 보통 중·장거리 이상의 비행기들이나 U-2나 SR-71 등의 첩보 비행기들이 성층권 하부에서 비행을 합니다.

하지만 중·단거리 항공기나 소형 항공기들, 즉 우리가 일반적으로 타고 다니는 비행기는 기상 변화가 적은 대류권계면(대류권과 성층권 사이)으로 다닌다고 볼 수 있습니다.

여러 빛의 태양

태양은 정말 무지개 빛깔로 빛날까요?

한터프 하는 김로라 양은 오지 탐험을 즐긴다. 남미, 아프리카, 동남아까지 그녀가 다녀 온 오지는 손으로 꼽기도 어려울 지경이었다. 이번에 그녀는 북극 지방을 탐험해 보기로 결심했다.

'그래, 이번엔 북극이야. 지난번에 아프리카였으니까 이번엔 북극으로 가 보는 거야.'

극지방은 처음 가는 길이라 김로라 양은 한껏 들떠 있었다. 20시간도 넘게 비행기를 타고 위도 70도 지점에 도착했다. 눈바람이 몰아치고 기온도 뚝 떨어진 곳이었지만 탐험이라면 정신을 못 차리는 로라양은 오히려 더 흥분하고 있었다.

"오우, 이 눈 좀 봐. 역시 극지방이라 때깔부터가 다르잖아. 완전 좋은데. 역시 난 탐험가의 피가 흘러. 새로운 곳에 도착하면 피가 막 끓어오른다니까."

도착하자마자 한 치의 지체도 없이 로라양은 바로 목적지를 향해 출발했다. 거대한 눈길을 따라 위로 올라가고 또 올라가는 외로운 여행을 계속했다.

북극 여행은 가도 가도 끝없이 눈만 펼쳐져 있었다. 보통 사람 같으면 시작도 하기 전에 지칠 만큼 눈밖에 보이지 않는 곳이 북극이었다. 그러나 김로라 양은 포기하지 않고 점점 더 위로 올라갔다. 이래서야 언제 목적지에 도착하겠나 싶던 길도 그녀의 끈질김으로 조금씩 끝이 보이기 시작했고, 마침내 로라양은 위도 80도에 위치한 노르드 마을에 도착했다. 그녀는 마을 사람들의 따뜻한 환영을 받았다.

"방가 방가, 여기까지 올라온 사람 별로 없었는데, 용케도 오셨군요. 대단하세요."

"뭐 별거 아니었어요. 쌓인 눈이 좀 거치적거렸을 뿐이에요, 마을이 참 예쁘군요."

"여기까지 오른 사람들만이 볼 수 있는 마을이지요. 당신은 행운아예요."

마을 사람들도 그곳까지 도착한 로라양을 신기하게 생각했다.

그녀는 노르드 마을에서 머물면서 극지방의 아름다운 하늘을 감상했다.

그러던 어느 날, 에스키라는 이름의 소년이 로라양을 찾아왔다.

"누나! 태양 보러 가요."

에스키는 로라양의 손을 붙잡고 조그만 언덕 위로 끌고 올라갔다.

"우와! 태양이 여러 개의 색깔로 빛나고 있어. 음, 판타스틱하고, 엘레강스, 뷰리풀, 너무 아름다워."

북극의 태양은 여러 색이 어우러진 아름다운 모습으로 빛나고 있었다. 로라양은 그러한 북극 태양의 모습에 넋을 잃고 말았다.

북극 탐험을 마치고 오면서도 로라양의 눈에서는 그 태양의 모습이 지워지지 않았다. 탐험을 마치고 돌아와 어느 작은 강연에 서게 된 로라양은 '극지방의 태양은 붉은 색이 아니라 여러 색깔로 반짝인다.' 라고 말했다.

때마침 그 자리에는 과학 잡지 기자가 와 있었다. 그 말을 들은 기자는 강의 도중에 벌떡 일어나 그녀가 무식하다며 폭언을 해 버렸다. 이에 화가 난 로라양은 과학 잡지 기자를 지구법정에 고소했다.

오로라의 가장 보편적인 색은 녹색 또는 황록색이며
때때로 적색, 황색, 청색, 보라색으로 보이기도 합니다.

오로라는 왜 극지방에서만 보일까요?
지구법정에서 알아봅시다.

재판을 시작합니다. 먼저 원고측 변론하세요.

지구는 스스로 빛을 내지 못하는 천체입니다. 그러므로 지구에 온 빛은 스스로 빛을 내는 천체인 태양에서 오는 빛입니다. 그러니까 원고가 본 것은 태양이 맞으므로 원고의 주장대로 태양의 색깔은 극지방에서는 여러 개의 색으로 보인다고 해야 할 것으로 생각합니다.

피고측 변론하세요.

과연 그럴까요? 태양은 붉게 보이지만 사실은 노란 별입니다. 별의 색깔은 별 표면의 온도와 관계 있지요. 뜨거운 별일수록 푸르스름하고 온도가 낮을수록 불그스름해지는데, 태양은 표면의 온도가 6천도 정도로 비교적 온도가 낮은 별에 해당합니다.

그럼 왜 극지방에서는 여러 가지 색깔의 빛이 반짝거리는 거죠? 별빛은 아닐 테고 말입니다.

물론 별빛은 아닙니다. 그것은 바로 오로라 현상입니다.

오로라? 그게 뭐죠?

오로라는 라틴어로 '새벽'을 뜻하는데 지구상에서 일어나는 가장 놀라운 자연 현상이라고 할 정도로 신비롭습니다.

그건 왜 생기는 거죠?

우주 공간에서 날아온 전기를 띤 입자가 대기 중에 있는 산소분자와 충돌해 생기는 방전 현상입니다.

방전이 뭐죠?

전자를 방출하는 것을 방전이라고 합니다. 즉 산소 분자와 충돌하면서 전자들이 튀어나와 마치 번개처럼 빛을 내는 것이 오로라지요. 오로라는 마치 거대한 조명이 하늘에서 춤을 추는 듯한 너무나 다양한 색깔을 띠지요. 그런데 주로 극지방에서만 그 현상을 관찰할 수 있지요.

극지방에서만 주로 관찰되는 이유가 있나요?

지구 속에는 거대한 자석이 있습니다. 그 자석은 북극이 자석의 S극이고 남극이 자석의 N극인 모습이지요. 그런데 자석은 양극 부분에서 자기력이 가장 강합니다. 오로라는 태양에서 날아온 전기를 띤 입자가 지구 자석이 만드는 자기장에 붙잡혀 지구 대기로 내려오면서 대기의 산소 분자와 부딪치면서 빛을 내는 것입니다. 그러므로 자기력이 강한 곳에서 오로라

> ### 오로라(aurora)의 어원
>
> 오로라(aurora)는 새벽이란 뜻의 라틴어입니다. 프랑스의 과학자 피에르 가센디가 1621년 로마 신화에 등장하는 여명의 신이자 태양의 신 아폴로의 누이 동생인 아우로라(Aurora, 그리스 신화의 에오스)의 이름을 따서 붙였습니다.
>
> 오로라의 공식 명칭은 북반구에서 나타나는 오로라 보레알리스(Aurora borealis)와, 남반구에서 나타나는 오로라 오스트랄리스(Aurora australis)로 구분될 수 있습니다.

가 많이 발생하는 거죠.

 그렇군요. 이번 사건은 오로라를 태양으로 착각한 로라양의

해프닝으로 종결하겠습니다.

소 트림과 지구온난화

소의 트림을 막기 위해 소에게 예절 교육을 시켜야 할까요?

과학공화국에서 우가촌 씨라 하면 모르는 사람이
없다. 과학공화국에서 알아 주는 대기업 회장이기
때문이다. 우가촌 씨는 나이를 먹자 후손들에게 사
업을 넘겨주고 스스로 퇴직을 했다.

우가촌 씨에게는 어릴 적부터 꼭 하고 싶은 일이 있었다. 그것
은 소들과 함께 사는 농장 주인이 되는 것이다. 어린 시절에 농장
에서 자란 그는 나이가 들면 꼭 다시 농장으로 돌아오리라고 생각
해 왔다.

어린 시절부터 품어 온 꿈을 이루기 위해 우가촌 씨는 조금씩 준

비를 하고 있었다. 얼마 전에는 농장 터까지 준비했다.

'터는 마련됐으니까, 이제 품질 좋은 소를 사야겠다.'

그는 과학공화국에서 수많은 소들을 사들여 공화국 중심부에 있는 캐틀시티에 초대형 소목장을 만들기에 온 힘을 다했다. 전국 각지에서 오는 소떼로 캐틀시티는 붐볐다. 우가촌 씨의 목장 만들기는 순조롭게 잘 진행되는 듯 보였다. 소들도 과학공화국 최고 품질의 소들로 가득 찼고, 목장의 위치도 훌륭했다.

그러던 우가촌 씨가 생각지도 못한 반대에 부딪히게 되었다. 목장에 반대하는 안티 그룹이 생겨난 것이다. 지구온난화 방지 모임인 '지온방모'는 우가촌 씨의 초대형 소목장은 지구를 점점 덥게 만드는 지구온난화의 주범이 될 것이라고 주장했다. 그러면서 온난화를 방지하기 위해 우가촌 씨가 소목장을 만들지 못하게 해야 한다고 주장했다.

"우가촌 씨의 목장은 분명 과학공화국 온난화의 주범이 될 것입니다. 결과가 뻔한 일을 정부에서 두고 보는 것은 국민들을 두 번 죽이는 일이라고요."

"정확한 증거와 자료가 없는 이상 우가촌 씨의 목장을 막을 수가 없어요. 오히려 우가촌 씨는 우리 과학공화국에 세운 공이 너무 커서 상을 줘도 모자랄 판이라고요."

이렇게 시민과 정부의 의견 다툼이 거의 매일 이어졌다. 양측 모두 한 치의 양보도 없었다. 정부가 지온방모의 의견을 인정하지 않자 지온방모는 매일 소목장 공사장에 가서 시위하는 것도 마다하지 않았다. 하지만 그들의 시위에도 꿈쩍하지 않고 우가촌 씨는 점점 더 많은 소가 뛰어노는 소목장을 만들어 갔다.

"저런 개념 없는 사람들을 봤나, 내가 대기업을 운영할 때는 아무 소리도 않더니, 목장을 한다니까 별 시비를 다 하는군. 도대체 소하고 지구온난화하고 무슨 상관이람. 아무튼 이상한 단체들이 많아."

시위대가 물러설 줄을 모르자 우가촌 씨 역시 불편한 마음을 드러내기 시작했다. 사람들의 의견과는 상관없이 소떼는 계속 늘고 있었다.

"이대로는 곤란하겠어요, 우가촌 씨가 기업을 운영할 때와는 달라졌어요. 사람이 꽉 막혀 있어요."

"아무리 설명을 해도 이해하려는 시도조차 하지 않아요. 큰일이에요."

"의외로 우가촌 씨가 개념이 없는 것 같아요. 이젠 최후의 방법을 쓰도록 하죠. 지구법정으로 갑시다."

시위마저도 아무런 효과를 보지 못하자 지온방모는 이 문제를 지구법정에서 심각하게 다루어 줄 것을 요청했다. 그래서 이 문제를 놓고 지구법정에서 열띤 토론이 전개되었다.

소의 트림과 경작지 등에서 많이 나오는 메탄가스는
이산화탄소(56%)에 이어 지구에서 발생하는 온실 가스의
15%를 차지할 만큼 지구온난화의 주범이라 할 수 있습니다.

소목장과 지구온난화가 무슨 상관이
있을까요?
지구법정에서 알아봅시다.

재판을 시작합니다. 먼저 피고측 변론하
세요.

정말 소 하품하는 소리 하네요. 소가 모여
드는 것과 지구온난화와 무슨 상관이 있어요? 지온방모는 혹
시 이런 엽기적인 문제를 일으켜 자신들의 존재를 세상에 알
리려는 거 아닌가요?

지치 변호사! 확실한 근거 없이 그런 말 마세요.

아니면 말고요.

원고측 변론하세요.

《동물과 지구 환경》이라는 책의 저자인 이동지 씨를 증인으로
요청합니다.

  사자머리에 노란 염색을 물들인 30대의 여자가 증인석에
앉았다.

증인은 동물과 지구 환경 사이의 관계를 연구하는 걸로 알고
있는데, 맞나요?

그러니까 그 책을 썼지요.

하긴 나도 책 제목 보고 짐작해 본 건데…….

그럴 줄 알았습니다.

그런데 소들이 지구온난화랑 무슨 관계가 있지요?

소의 트림 때문입니다.

소도 트림합니까?

물론이죠.

그게 온난화랑 무슨 상관이 있죠? 정말 이해가 안 되는데요?

소나 양 그리고 염소와 같은 초식 동물은 되새김질을 합니다. 이 때 되새김 과정에서 발생하는 현상이 트림이고 주성분은 메탄가스입니다. 아시다시피 메탄가스는 이산화탄소와 더불어 온실가스로 불리어집니다. 즉 지구에서 우주로 날아가는 열을 흡수하여 지구를 덥게 만들지요.

허허…… 그럼 소들에게 트림 좀 하지 말라고 해야겠군요.

어쓰 변호사! 당신까지 이상해진 겁니까?

죄송합니다. 하도 신기해서요.

그래서 요즘은 소의 트림을 억제시키고 소화를 잘 되게 하는 약을 개발하고 있는데, 그 주성분은 질산나트륨입니다. 이 약을 먹으면 소에서 나오는 메탄가스의 양이 20퍼센트 정도 줄어들지요. 아무튼 소나 양이나 염소와 같이 되새김질을 하는 동물은 적당한 수만 남겨 두고 식용으로 써야 합니다. 이들을

죽이지 않고 번식시키면 거기서 나오는 메탄가스로 지구온난화가 가속화될 테니까요.

허허. 증인이 모두 얘기를 해 줘서 전 할 말이 없습니다. 판사님의 판단대로 판결해 주세요.

판결합니다. 소의 되새김질에서 지구를 더워지게 하는 메탄가스가 나온다는 것을 알게 되었습니다. 하지만 인간은 자동차나 공장 등을 만들어 소보다 더 많은 온실가스를 만들어 내고 있으므로 인간은 무죄이고 소는 유죄라고 할 수는 없는 일입니다. 아무튼 우가촌 씨의 소목장은 적당한 수의 소의 숫자를 지정하여 온실가스의 양을 제한하는 것으로 허용할 수밖에 없다는 것이 재판부의 의견입니다.

 지구온난화 현상이 뭐예요?

지구온난화 현상이란 지구 표면의 평균 온도가 상승하는 현상으로 기온이 올라가면서 발생하는 문제를 아울러 지칭하기도 합니다.
지구온난화의 원인에 대해서는 온실 효과 때문이라는 견해가 지배적인데 20세기 전반까지는 자연 활동이 온난화를 유발했으나 20세기 후반부터는 산업 발달에 의한 인류의 활동이 온난화를 유발하는 주요 원인이라는 의견이 지배적입니다.

먼지 없으면 좋잖아요?

먼지가 없으면 지구에 무슨 일이 일어날까요?

"아함, 뭐 재밌는 프로그램 어디 없나?"

일요일 저녁, 깔끔 연구소의 소장인 유결벽 씨는 소파에 드러누워 리모컨으로 이리저리 채널을 돌렸다.

"시청자 여러분 안녕하십니까. ABC 뉴스입니다. 오늘의 첫 뉴스는 우리 과학공화국 박과학 대통령의 기자 회견 소식입니다."

대통령의 기자 회견 소식이라는 말에 막 채널을 돌리려던 유결벽 씨는 리모컨을 내려놓고 텔레비전 화면에 시선을 고정했다.

"국민 여러분 안녕하십니까. 과학공화국 대통령 박과학입니다.

우리 과학공화국 정부는 지금까지 전문 과학 학회에만 연구비를 지원해 왔습니다. 하지만 이제부터 아마추어 과학 학회에도 연구비를 지원하기로 결정했습니다. 다음 주 개최되는 지구 학회에서 우수한 연구 성과를 발표하는 학회에게 연구비를 지급할 것이니, 과학을 사랑하는 국민들의 많은 참여 부탁드립니다."

'아마추어 학회도 연구비를 지원받을 수 있는 길이 열리다니! 이게 꿈이야 생시야?'

그간 연구비를 지원받지 못해 어렵게 과학 연구를 지속해 온 유결벽 씨에게 그 뉴스는 그야말로 가뭄의 단비 같은 소식이었다. 그날부터 유결벽 씨는 밤낮을 가리지 않고 지난 3년간 심혈을 기울여 연구해 온 대기 오염과 먼지에 관한 자료들을 정리했다.

드디어 지구 학회가 열리는 날. 유결벽 씨가 의자에 앉아 마지막으로 자료를 점검하고 있는데, 누군가 유결벽 씨의 어깨를 툭 치며 말을 걸었다.

"어이, 나 최우수야. 이게 몇 년 만이야. 정말 반갑군. 그동안 잘 지냈어?"

"뭐, 그럭저럭."

유결벽 씨는 들릴 듯 말 듯 작은 목소리로 하나도 반갑지는 않다고 중얼거렸다.

"오늘 대기 오염과 먼지에 관한 연구 발표를 한다면서? 실은 나도 오래 전부터 먼지에 관한 연구를 하고 있거든. 그래서 오늘 자네의 발표를 무척 기대하고 있어. 그럼 나중에 보자고."

사실 유결벽 씨와 최우수 씨는 같은 초등학교와 중학교, 고등학교를 졸업하고 대학까지 함께 다닌 동창이다. 그런데 어쩐 일인지 하는 일마다 의견이 다르고, 서로 반대 입장에 놓이는 일이 많았다. 그러다 보니 자연히 두 사람 사이에는 팽팽한 경쟁심이 도사리고 있었다.

'흥, 너도 먼지에 관한 연구를 한다고? 오늘 발표할 내 연구물로 네 녀석의 코를 납작하게 해 주고 말겠어.'

유결벽 씨는 앞서가는 최우수 씨의 뒷모습을 보며 주먹을 불끈 쥐었다.

"자, 지금부터 제79회 지구 학회를 시작하겠습니다. 오늘은 깔끔 연구소의 유결벽 연구소장이 〈공기 오염의 주범, 먼지〉라는 주제로 발표를 하겠습니다."

사회자의 말이 끝나자 유결벽 씨가 단상 위에 올라갔다.

"안녕하세요, 깔끔 연구소의 유결벽입니다. 저는 지난 3년간 먼지와 공기 오염과의 관계에 대해 연구를 계속해 왔습니다. 그 결과, 먼지는 공기 오염을 일으키는 악성 물질이라는 결론을 얻었습니다.

이어 유결벽 씨는 공기 중에 떠다니는 먼지들이 얼마나 지저분한 것인지, 왜 먼지들을 없애야만 하는지에 대해 설명했다.

"따라서 저는 우리 과학공화국뿐만 아니라 전 지구인들이 모두 한마음이 되어 먼지와의 전쟁을 선포해야 한다고 생각합니다."

유결벽 씨가 발표를 마치자 방청석에 있던 한 사람이 손을 들었다.

"저는 발표자의 생각이 틀렸다고 생각합니다. 먼지는 지구상에 반드시 필요한 물질입니다."

유결벽 씨의 의견을 정면으로 반박한 그 사람은 최우수 씨였다.

"저 역시 지난 몇 년간 먼지에 관해 연구를 해 오고 있습니다. 그런데 저는 유결벽 씨와는 달리 먼지는 반드시 필요한 것이라는 결론에 도달했습니다."

"아닙니다. 먼지는 없어져야 할 물질입니다."

최우수 씨의 말에 유결벽 씨가 다시 반대 의견을 내놓았다. 이런 식으로 두 사람은 학회가 끝날 때까지 각자 자신의 연구 결과가 옳다는 주장을 굽히지 않았다. 결국, 유결벽 씨와 최우수 씨는 지구 법정에 누구의 연구 결과가 옳은 것인지 가려 달라며 도움을 요청했다.

눈이나 비는 공기 중에 떠 있는 미세한 먼지들을 응결핵으로 하여
수분이 뭉쳐 무거워지면서 중력에 의해 지상으로 떨어지는 것이므로
먼지가 없으면 응결핵이 생기지 않아 비나 눈이 내릴 수 없습니다.

먼지가 없으면 어떻게 될까요?
지구법정에서 알아봅시다.

재판을 시작합니다. 유결벽 씨측 변론하세요.

먼지가 뭐가 필요합니까? 먼지가 입안으로 들어가 쌓이면 폐병만 생기잖아요? 아무튼 먼지는 인류의 적입니다. 저는 집에서 먼지를 안 내기 위해 아주 살살 걸어 다니는 것을 생활화하고 있어요. 그리고 내 집사람은 하루에 12번 진공 청소기로 먼지를 제거하지요. 그래서 제가 좀 건강한 편이지요.

변론만 하세요.

다 했는데요.

알겠소. 그럼 최우수 씨측 변론하세요.

먼지를 마시면 인체에 해롭다는 것은 사실입니다. 하지만 그렇다고 해서 먼지가 조금도 남지 않고 모두 없어진다면 지구는 위기에 빠집니다.

그건 무슨 소리요?

제일 먼저 기상 현상이 바뀌게 되지요.

어째서죠?

저녁놀의 비밀!

노을은 햇빛이 수증기와 미세 먼지와 부딪쳐 산란되어 생기는 현상입니다.

태양빛은 지구 대기권을 통과하면서 대기권의 원자들과 부딪쳐서 산란되고 여과되는데 이 과정에서 빛은 대기의 산란 때문에 지구에 도달하지 못하고 여과되기도 합니다.

태양과의 거리가 가까운 낮에는 주로 파란색 빛이 대기권을 통과해서 지구에 도달하게 되지만 태양과의 거리가 먼 저녁 때는 파장이 긴 빨간색의 빛이 대기권을 통과해서 지구에 도달하게 되므로 저녁놀이 빨간색으로 우리 눈에 보이는 것이지요.

눈이나 비는 공기 중에 떠 있는 미세한 먼지들을 응결핵으로 하여 수분이 뭉쳐 무거워지면서 중력에 의해 지상으로 떨어지는 것이에요. 그러니까 먼지가 없으면 응결핵이 생기지 않아 비나 눈이 내릴 수 없지요.

그럼 큰일이군! 또 다른 문제가 생기나요?

먼지가 없으면 우리는 아무것도 볼 수 없어요.

그건 또 왜 그렇죠?

우리가 사물을 볼 수 있는 것은 수많은 굴절을 통해 우리의 눈에 닿기 때문인데 굴절을 일으키는 것이 바로 먼지이기 때문이지요.

허! 개똥도 약에 쓴다더니 먼지라는 것도 불필요한 것인 줄만 알았는데 그런 쓸모가 있었군요. 그렇다면 유결벽 씨의 주장대로 지구상의 모든 먼지가 없어지면 지구의 기상 현상에 큰 위기가 닥칠 수 있으므로 최우수 씨의 주장을 인정하는 것으로 판결을 마치겠습니다.

지구의 대기

지구의 대기는 약 78퍼센트가 질소이고 21퍼센트가 산소이며 그 밖에 수증기, 이산화탄소 등으로 이루어져 있어요. 그리고 위로 올라갈수록 공기가 희박해지지요.

대기가 있으면 무엇이 좋을까요? 다음과 같은 장점이 있어요.

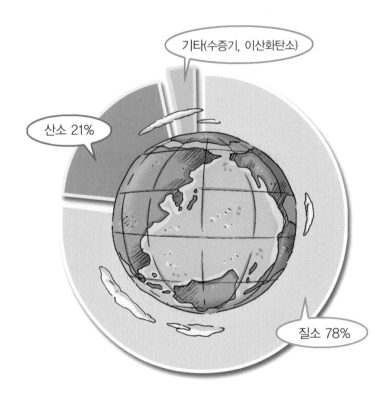

기타(수증기, 이산화탄소)

산소 21%

질소 78%

과학성적 끌어올리기

1. 무서운 운석들과 충돌을 피할 수 있다.

가까운 달을 보죠. 달은 대기가 없어서 운석들하고 자꾸 부딪쳐 곰보투성이가 돼요. 하지만 지구로 들어오는 조그만 운석들은 대기권으로 들어오는 순간 다 타버리지요. 물론 너무 큰 운석은 다 타버리지 않고 작아져서 지구에 떨어지지만.

2. 적당히 더웠다 적당히 추워진다.

지구는 대기가 있어서 적당한 온도를 유지하지요. 대기가 없는 달은 낮에는 무지무지 뜨겁고 밤에는 무지무지 춥거든요.

3. 공기가 있어 숨을 쉴 수 있다.

여러분은 대기권에 있는 공기를 통해 숨을 쉬지요. 물론 다른 생물들도 마찬가지예요. 달처럼 공기가 없는 곳에서는 숨을 쉴 수가 없지요.

4. 무시무시한 방사선 공격을 피할 수 있다.

태양에서는 몸에 좋은 빛만 오는 건 아니에요. 무시무시한 방사선도 함께 오지요. 다행히 지구는 두꺼운 대기로 둘러싸여 있어서

과학성적 끌어올리기

이런 방사선들이 사람에게 직접 피해를 주지 못하게 막아 주죠. 지구로 오는 방사선의 대부분은 두꺼운 대기층에 반사되어 다시 우주로 날아가요.

대기권은 4층으로 되어 있고 다음과 같지요.

- 대류권 : 지표에서 지상 10km까지
- 성층권 : 지상 10km부터 지상 50km까지
- 중간권 : 지상 50km부터 지상 80km까지
- 열 권 : 지상 80km 이상

대류권과 중간권에서는 위로 올라갈수록 온도가 낮아지고, 성층권과 열권에서는 위로 올라갈수록 온도가 높아져요.

자! 그럼 하나씩 자세히 알아볼까요?

대류권

대류권은 대류가 일어나고 수증기가 있어 눈, 비와 같은 기상 현상이 일어나지요. 대류권에는 전체 공기의 80퍼센트가 모여 있어요. 높은 산을 올라가면 여름에도 추워지지요? 그건 위로 올라갈수록 온도가 낮아지기 때문이에요. 아주 높은 산에는 여름에도 눈이 녹지 않아요. 이런 걸 만년설이라고 하지요.

과학성적 끌어올리기

대류라는 건 뭘까요? 바닥의 뜨거운 공기는 주위의 공기보다 가벼워져서 위로 올라가고, 위로 올라갈수록 공기끼리 충돌하면서 차가워져요. 차가워진 공기는 무거우니까 다시 아래로 내려오고,

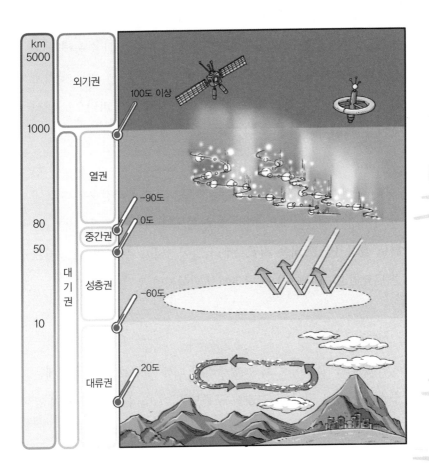

바닥에 닿은 공기는 다시 뜨거워져 위로 올라가고. 이렇게 공기가 이동하는 현상을 대류라고 해요.

겨울에 스팀을 틀면 방 전체가 따뜻해지죠? 이것도 대류 현상이에요. 스팀은 물을 뜨거운 수증기로 만들어 보일러 관을 통해 이동시키죠. 이 때 보일러 관 주위의 공기가 뜨거워져서 위로 올라가요. 위로 올라간 공기는 벽과 부딪쳐 차가워져 다시 바닥으로 내려오지요. 이렇게 하여 더운 공기가 방안 전체를 도는 거예요.

대류권에서는 왜 온도가 낮아질까요? 그건 올라갈수록 지표에서 멀어지기 때문이에요. 태양 빛을 받으면 지표가 뜨거워지지요? 위로 올라가면 뜨거운 지표로부터 멀어지니까 추운 거예요. 지표를 난로라고 생각해 봐요. 난로에서 멀어지면 추워지잖아요.

성층권

이제 대류권의 바로 위층 성층권에 대해 알아보죠. 성층권에는 수증기가 거의 없어요. 그래서 구름도 없어 비나 눈도 안 오지요. 그래서 성층권은 비행기의 항로로 많이 이용된답니다.

과학성적 끌어올리기

성층권에서 높이 25킬로미터에서 30킬로미터까지는 오존이 모여 있어 그 지역을 오존층이라고 불러요. 오존은 태양에서 오는 자외선을 흡수한답니다. 자외선은 눈에 보이지 않는 에너지가 강한 빛인데, 강한 자외선을 쪼이면 위험해요. 다행히 성층권에 사는 오존들이 자외선을 흡수해 주고 있어서 우리는 안전하게 살아갈 수 있는 거예요.

하지만 오존층에서 자외선을 모두 먹어치우지는 못해요. 많은 양의 자외선을 흡수하긴 하지만, 일부는 우리에게까지 도달하지요. 그런데 요즈음 지구에 위기가 오고 있어요. 우리에게 직접 쪼이는 자외선 양이 늘어난 거예요. 오존층이 기능을 제대로 못 하고 있다는 얘기죠. 여름에 에어컨을 사용하지요? 또 머리에 멋을 부리기 위해 스프레이를 뿌리는 사람들도 있지요? 그런데 냉장고나 에어컨, 또는 스프레이에는 프레온가스가 사용되는데 그것이 하늘로 올라가 오존을 먹어치워요. 만일 오존이 너무 많이 줄어들어 오존층이 파괴된다면 더 이상 강한 자외선으로부터 우리를 보호해 줄 수 없게 되지요. 그래서 과학자들은 프레온가스 대신 다른 물질을 사용하는 스프레이나 냉장고를 발명하려고 해요.

중간권과 열권

성층권의 위층이 중간권이지요. 성층권에서는 위로 올라갈수록 점점 뜨거워지니까 성층권의 꼭대기는 제일 뜨겁지요. 바로 그곳이 중간권의 바닥이에요. 중간권도 바닥이 뜨거우니까 희박하지만 공기들이 대류하지요. 그래서 위로 올라갈수록 온도가 낮아지지요. 그래서 중간권의 꼭대기는 온도가 영하 90도로 제일 추운 곳이 되지요.

중간권을 지나면 다시 올라갈수록 뜨거워지는데 그곳이 바로 열권이에요. 이곳은 너무 높아서 이제 공기는 거의 없다고 봐야겠지요. 그래서 낮에는 무지무지 뜨겁고 밤에는 무지무지 추워져요.

이곳에서는 태양에서 날아온 전기를 띤 입자가 희박한 공기와 충돌하여 빛을 내는 오로라 현상이 일어나지요. 그리고 열권의 위쪽에는 태양에서 온 강한 전파를 반사하는 전리층이 있어요.

광물에 관한 사건

사라진 진주

사라진 진주는 어디로 갔을까요?

사건속으로

한사치 양은 보석 모으기를 좋아했다. 다이아몬드, 자수정, 에메랄드 같은 유명한 보석들을 종류별로 모두 가지고 있는데 최근에는 진주의 아름다움에 흠뻑 빠져 있었다.

"진주에 빠져, 빠져, 이제 빠져 버려. 피할 수 없는 진주 매력 속으로~~."

사치양의 눈에는 진주가 어떤 보석보다 그렇게 아름다워 보일 수가 없었다. 진주 목걸이에 진주 반지는 물론 진주 팔찌와 진주 허리띠까지 하고 다닐 정도로 진주 마니아가 되었다.

오늘도 그녀는 진주로 만든 장식물을 몸에 걸치고 동창 모임에 나갔다.

"우와! 진주 아가씨가 되었네."

"어때 좀 폼이 나니?"

"사람인지 진주인지 모르겠다, 얘. 작작 좀 하지."

"그게 다 얼마라니?"

아닌 척하고 있었지만 친구들의 눈에는 부러움이 가득했다.

"니들 부러워하는 거 다 보여. 왜 아닌 척하고 그래? 부러우면 부럽다고 해도 괜찮아. 호호호."

한사치 양이 온몸을 장식하고 있는 진주를 사랑스럽게 어루만지며 말했다. 친구들의 시샘어린 눈길에 한사치 양은 한층 신이 났다.

"오늘은 진주씩이나 하고 다니는 내가 쏘지, 뭐. 먹고 싶은 곳으로 안내해 봐. 친구들."

한사치 양이 한턱낸다고 하자 친구들은 시내에서 가장 유명한 냉면집으로 향했다.

"원래, 나 칼질만 하는 거 알지? 니들이 너무 내 진주에 기죽은 것 같아서 냉면집이라도 찬성한 거야."

"알았거든, 너 좀 짜증나려니깐 그만 잘난 척해."

친구 신나양이 냉면 그릇에 식초를 팍팍 뿌리면서 짜증스럽게 말했다. 신나양은 식초를 너무 좋아해 냉면에 식초를 잔뜩 부어 거의 촛국을 만들어 먹는 버릇이 있다. 이날은 기분까지 언짢은 터라 무심결에 평소보다 더 많이 부은 것이다.

"신나야, 너 식초 너무 많이 넣은 것 아니니?"

"아니, 딱 좋아. 난 식초를 듬뿍 넣어 먹으면 기분도 상쾌해지거든."

모두 냉면을 먹기 시작하는데, 마침 사치양의 휴대폰이 울렸다. 사치양이 통화를 하러 잠시 자리를 비운 사이, 한 친구가 입을 삐죽이며 말을 꺼냈다.

"사치는, 너무 사치를 좋아한단 말이지. 좀 아껴 쓸 줄 알아야지 말야. 보석만 많이 한다고 사람이 빛나는 게 아닌데, 흥."

"그래도 이쁘긴 하다, 그치? 나도 하나만 있으면 좋겠당."

이신나 양은 한사치 양이 테이블에 빼 두고 간 진주 반지를 손에 끼워 보았다.

"어쩌려고 그래, 사치 스탈 알면서!! 자기 꺼 건드리면 기절하잖아. 얼른 빼!!"

바로 그 순간 반지가 미끄러지면서 식초를 듬뿍 부은 냉면 그릇에 잠수해 버리고 말았다.

"헉, 어쩜 좋아."

신나양은 진주 반지를 꺼내려고 냉면 그릇을 뒤적이기 시작했다. 그 때 한사치 양이 돌아왔다. 신나양은 일단 한사치 양이 눈치 채지 못하도록 시치미를 떼고 있다가 틈을 보아 진주를 꺼내기로 하고 다시 냉면을 먹기 시작했다.

"내 진주 반지 못 봤어? 분명히 여기에 빼 두었는데……."

한사치 양이 두리번거리며 반지를 찾았다.

이신나 양은 아무 말 없이 허겁지겁 냉면 국물을 떠먹었다. 바닥에 가라앉은 진주를 꺼내기 위해서였다. 하지만 냉면 국물을 다 마시고 그릇 바닥이 다 보일 때까지도 진주는 보이지 않았다. 이상하게도 진주는 흔적도 없이 사라지고 진주알이 박혀 있던 금속 부분만이 남아 있었다.

이신나 양은 어쩔 수 없이 한사치 양에게 사실대로 말했지만 한사치 양은 믿을 수 없다며 이신나 양을 절도죄로 고소했다.

진주의 주요 성분은 탄산칼슘이므로
식초를 많이 탄 냉면에 빠졌을 경우
산과의 반응으로 녹아버릴 수도 있습니다.

진주와 식초는 어떤 관계가
있을까요?
지구법정에서 알아봅시다.

 재판을 시작합니다. 원고측 변론하세요.

 아무리 친구 사이라도 도둑질은 허용이 안

되지요. 진주 반지를 냉면에 떨어뜨렸다면

냉면 국물을 다 마시면 진주 반지가 나와야 하지 않습니까?

그런데 진주 반지가 없다는 것은 진주 반지를 이신나 양이 어

딘가 다른 곳으로 빼돌린 것으로 봐야지요. 그러므로 이신나

양을 일반 법정으로 보내 절도죄를 적용할 것을 주장합니다.

 피고측 변론하세요.

 보석 연구소의 이빛나 박사를 증인으로 요청합니다.

환한 미소가 돋보이는 30대 중반의 아름다운 여자가 증인

석에 앉았다.

 증인은 보석 전문가죠?

 물론이죠.

 보석의 정의가 뭐죠?

 보석은 광물 중에서 굳기가 어느 정도 단단하고 희소가치가

있으며 광택이 있어서 장신구로 적합한 것을 말합니다.

그럼 다이아몬드나 에메랄드 같은 것들이군요.

진주도 보석이라고 부르지요.

진주는 어떻게 만들어지죠?

진주조개 속에서 나오지요.

그럼 진주는 조개인가요?

성분은 조개껍질과 같은 탄산칼슘입니다.

그럼 진주가 냉면에 빠져 사라질 수 있습니까?

냉면에 식초를 많이 타면 그럴 수 있습니다.

이유가 뭐죠?

탄산칼슘은 식초에 잘 녹는 성질이 있습니다. 그러니까 진주도 식초에 녹아 흔적도 없이 사라질 수 있지요.

그렇군요. 판사님. 증인이 얘기한 것처럼 이신나 양이 식초를 많이 넣은 냉면에 한사치 양의 진주 반지를 빠뜨렸고, 그것이 모두 식초에 녹아 없어져 버렸다고 생각할 수 있습니다. 그러므로 이신나 양은 고의적 절도가 아니라 과학 현상에 의한 사고로 진주를 잃어버린 것으로만 생각해야 할 것입니다.

피고측 주장에 동의합니다. 우리는 과학만을 다루는 법정이므로 이번 사고가 진주와 식초의 격렬한 반응 때문에 이루어

진 것인 만큼 고의성은 없었다고 결론을 내립니다.

재판이 끝난 후 이신나 양은 한사치 양을 찾아가 진주 반지의 값을 물어 주겠다고 했지만 한사치 양은 이신나 양을 도둑으로 몬 자신의 죄도 크다며 진주 반지의 값을 받지 않기로 했다. 그리고 둘 사이의 오해도 풀려 둘은 전처럼 좋은 관계가 되었다.

글씨가 안 써지는 칠판

석고는 방해석보다 단단할까요, 약할까요?

사건속으로

과학공화국에서 오랫동안 이어져 온 사업 중 하나
가 칠판 사업이었다. 학생들이 있는 한, 칠판 사업
은 망하지 않을 듯했다. 그래도 칠판 업계에서는
뭔가 획기적인 변화가 필요하다는 목소리가 있었다.

"이대로는 어떤 발전도 기대할 수 없어. 지금의 상황은 유지할
수 있겠지만 거기에서 만족할 순 없다고."

"새로운 칠판을 좀 더 연구해 볼 필요가 있지 않을까요, 사장님?"

"그래, 발전을 위해서는 그만큼의 투자가 필요한 법이지."

나칠판 사장은 사업의 발전을 위해 새로운 칠판을 발명하기로

했다. 나칠판 사장은 그 동안 벌어들인 수입을 투자하여 새로운 차세대 칠판 발명을 시작했다. 연구에 연구를 거듭한 끝에 나칠판 씨의 보드 회사에서는 아름다운 방해석으로 만든 뉴라이트 칠판을 내놓게 되었다.

"드디어 초특급 뉴라이트 칠판이 나왔어. 이건 지금까지 과학공화국 어디에서도 볼 수 없었던 거야."

새 칠판이 완성되자 나칠판 씨는 자신감이 넘쳐흘렀다.

방해석 칠판은 여러 가지 용도로 제작되었다. 그 중에서도 특히 가정용으로 사용될 소형 칠판은 신세대 주부들 사이에서 폭발적인 인기를 끌었다.

"사장님, 가정용 소형 칠판이 완전 히트예요. 주부들이 뿅 갔어요, 갔어."

"이렇게 반응이 좋을 줄 몰랐습니다. 없어서 못 팔 정도예요. 완전 대박이에요. 사장님."

여기저기에서 직원들이 대박을 알리는 소식을 전해 왔다.

"오우, 좋아. 내 그럴 줄 알았지. 역시 칠판계는 신선한 바람을 원했던 것이야. 음화화화화!!"

사장은 너무 기뻐 모든 직원들에게 특별 상여금을 지급하고 모든 칠판을 방해석으로만 생산하는 체제로 바꾸었다. 보드 회사의 칠판은 아름답고 튼튼해서 세계 시장에서도 관심을 받기에 이르렀다.

"사장님, 이번엔 외국에서도 주문이 들어오고 있어요. 우리 회사

부자 되는 것은 시간 문제예요."

끊이지 않는 주문 덕에 회사는 정신이 없을 정도로 바빴다.

그런데 보드 회사에서 잊은 것이 있었다. 너무 바쁜 나머지 칠판에 메모를 할 수 있는 분필을 만드는 것을 깜빡한 것이다. 여기저기서 왜 분필은 보내 주지 않느냐고 항의가 들어왔다. 그러자 보드 회사에서는 기존의 분필을 사용하면 된다고 답변했다.

답변을 들은 소비자들은 기존 분필로 칠판에 글을 써 보았지만 아무리 글씨를 써도 칠판에는 어떤 자국도 남지 않았다.

"이거 사기 아냐? 글이 안 써지는 칠판이 어디 있어?"

"비싸기는 다른 회사보다 곱절은 더 비싸면서 말이야!! 손해 배상 청구를 해야겠어!!"

소비자들의 항의가 빗발치기 시작했다. 이리하여 보드 회사는 소비자 보호 단체로부터 고소를 당해 지구법정에 나가게 되었다.

모스굳기란 광물의 굳기에 따라 가장 약한 광물 1부터 가장 센 광물 10까지로 분류한 것입니다. 여기서 모스굳기가 상대 광물보다 낮은 광물은 흠집을 낼 수 없습니다.

모스굳기가 뭘까요?
지구법정에서 알아봅시다.

재판을 시작합니다. 먼저 피고측 변론하
세요.

아무리 칠판을 방해석으로 만들었다고는
하지만 분필로 글씨가 써지지 않는다는 게 말이 됩니까? 난
못 믿겠어요. 경쟁 회사에서 거짓 항의를 하는 게 아닐까요?

지금 피고측 변호사는 아무 근거 없이 원고측을 무시하고 있
습니다.

인정합니다. 지치 변호사! 그런 얘기를 할 때는 제발 증거 좀
붙여서 얘기해요.

요즘 증거 찾기가 하늘의 별따기라…….

그럼 원고측 변론하세요.

이번 사건은 간단한 문제입니다.

뭐가 간단하다는 거죠?

모스굳기 때문에 벌어졌으니까요?

그게 뭐요?

모스라는 과학자가 광물의 굳기를 비교하여 나타낸 것이죠.
모스굳기는 10단계까지 있는데, 가장 약한 활석을 1단계로

하고 가장 단단한 금강석을 10단계로 하여 10개의 광물을 설

정했지요.

 모두 나열해 보시오.

 네, 다음과 같습니다.

1단계 활석

2단계 석고

3단계 방해석

4단계 형석

5단계 인회석

6단계 정장석

7단계 석영

8단계 황옥

9단계 강옥

10단계 금강석

 우아 복잡하군! 그런데 모스굳기와 이번 사건이 무슨 상관이

있지요?

현재 시중에 유통되는 분필은 석고로 만든 것입니다. 그런데

석고는 방해석보다 굳기가 약해서 방해석에 글씨를 새길 수

없지요.

그렇군요. 그럼 뭘로 새겨야 합니까?

굳기가 가장 센 금강석으로 분필을 만들면 완벽하지만 너무 비싸니까, 최소한 방해석보다는 굳기가 강한 형석 정도로는 만들어야 방해석 칠판에 흠집을 낼 수 있을 것입니다.

가만! 지금 흠집이라고 했소?

네.

그럼 한 번 글씨를 새기고 나면 안 지워진다는 얘기잖아요?

그렇지요.

그게 무슨 칠판입니까? 아무튼 판결합니다. 방해석 칠판은 아름다운 디자인에 중점을 두고 만든 발명품으로서, 글씨를 쓰는 용도로는 사용할 수 없다는 사실이 판명되었습니다. 이것은 보드 회사가 칠판의 용도를 제대로 살리지 못했다고 볼 수 있습니다. 그러므로 보드 회사에서는 칠판을 구입한 소비자들에게 사과하고 대금을 환불해 주는 것으로 결정하겠습니다.

광물이랑 암석이랑

광물과 암석은 무슨 사이일까요?

사건속으로

사이언 초등학교에 다니는 김대충 군은 오로지 시험 때만 공부하는 학생이다. 대충군의 공부 방식은 대충대충 하는 것이어서 시험 점수는 항상 바닥을 기는 편이었다.

"대충아, 공부 안 하니? 내일 과학 시험 본다며!"

"아~~ 귀찮아, 귀찮아. 좀 있다 할게요."

"김대충, 이번에도 점수 제대로 안 나오면 용돈 확 줄여 버린다!!"

"시험 그까이 것 대~~충 하면 되는데, 엄마는 만날 왜 그러는지 모르겠어요!"

대충군은 시험이 있다고 해도 긴장은커녕 공부도 억지로 하는 식이었다. 만일 내일 시험에서도 낙제를 당하면 대충군은 일 년 더 같은 학년을 다녀야 하는 처지인데도 아무 걱정이 없어 보였다. 오늘도 역시 엄마의 잔소리에 못 이겨 대충대충 공부하고 있었다.

"책들은 왜 항상 같은 소리를 써 놓는 건지 모르겠어. 대충 한 번 보면 되는 걸 가지고 시험은 또 왜 보는지."

대충군의 공부법은 게으르기 짝이 없었다. 연필도 잡지 않은 채 의자에 비스듬히 기대앉아서 눈으로만 책을 훑을 뿐이었다.

"광물과 암석. 이번에도 하나도 재미없는 단원이구나. 에효."

교과서 한 바닥을 대충 훑어보고 넘기는 데 길어도 30초에 밖에 걸리지 않았다. 교과서의 내용이 머리에 제대로 남을 리 없었다.

이것은 대충군의 오랜 초치기 버릇에서 기인한 것이었다. 모든 시험 공부를 시험 하루 전이 되어서야 한꺼번에 했기 때문에 하루에 여러 과목을 공부하려면 그럴 수밖에 없었던 것이다. 그런 채로 대충군은 일찍 잠자리에 들고 말았다.

다음 날 대충군은 드디어 시험을 치렀다. 결과는 또 낙제! 한 문제 차이였다. 이번에는 대충군도 꽤나 안타까웠는지 자신이 쓴 답과 정답을 비교해 보았다. 그런데 이런 문제가 눈에 들어왔다.

석영, 방해석, 운모와 같은 것을 (　　　)라고 부른다.

대충군이 쓴 답은 암석이고 정답은 광물이었다.

"가만 암석이나 광물이나 똑같이 돌이잖아? 그럼 맞는 거 아냐?"

대충군은 이렇게 생각하고 문제지를 들고 학교로 뛰어갔다. 대충군은 자신 있게 자신의 주장을 펼쳤지만 선생님은 광물만 정답이라며 대충군의 의견을 묵살했다.

"억울해, 억울해. 내가 아무리 대충 한다고 해도 아는 건 안다고!"

이에 대충군은 지구법정에서 문제의 정답을 확인해 달라는 요청을 했고 이 문제는 지구법정에서 다루어지게 되었다.

조암광물이란 암석을 이루는 주요 광물로
석영, 장석, 운모, 각섬석, 휘석, 감람석 등이 있습니다.

광물과 암석의 차이는 뭘까요?
지구법정에서 알아봅시다.

재판을 시작합니다. 지치 변호사 먼저 의견을 주세요.

저는 대충군의 생각에 동의합니다. 광물이나 암석이나 똑같이 돌 아닙니까? 조금 큰 돌은 암석이고 작으면 광물 아닌가요? 그럼 대충 맞게 해 주면 되지. 뭘 그렇게 따지는 건지…….

따지자고 있는 게 법정입니다, 지치 변호사. 그럼 어쓰 변호사 변론하세요.

광물과 암석에 대한 많은 연구 발표를 한 싸이콤 대학의 이광암 박사를 참고인으로 요청합니다.

갈색 뿔테 안경을 쓴 50대의 중절모를 쓴 남자가 증인석에 앉았다.

일단 이번 사건은 정답이 한 개인지 두 개인지를 가리는 문제이므로 증인이라는 호칭 대신 참고인이라는 호칭을 쓰겠습니다. 참고인이 하는 일은 뭐죠?

지구를 이루는 광물과 암석에 대한 연구를 하고 있습니다.

단도직입적으로 묻겠습니다. 광물과 암석은 똑같이 돌인데, 같은 거 아닌가요?

아닙니다. 완전히 다릅니다.

어떤 차이가 있죠?

김밥과 소시지가 같습니까?

완전히 다르죠.

그럼 광물과 암석도 다릅니다.

그게 무슨 비유죠?

소시지가 들어 있어 맛있는 밥이 김밥이지요? 이렇게 김밥을 이루는 것은 소시지, 단무지, 밥, 김과 같은 재료들입니다. 마찬가지로 여러 광물이 모여 암석을 이루지요. 그러므로 소시지와 김밥이 다르다면 광물과 암석도 다릅니다.

허허…… 정말 재밌는 비유군요. 그럼 광물은 몇 종류나 있죠?

현재까지 지구에서 발견된 광물의 종류는 약 4000여 종입니다.

그럼 암석마다 4000개의 광물이 들어 있나요?

그렇진 않습니다. 이들 중 1퍼센트 정도의 광물이 암석에서 흔히 발견되는데 이를 조암광물이라고 부르지요.

구체적으로 어떤 광물이죠?

석영이 가장 많고 그 다음으로는 장석, 운모, 각섬석, 휘석,

감람석 등의 순입니다.

잘 알겠습니다. 그럼 이 문제는 해결된
거죠? 판사님!

명쾌했습니다. 그러므로 이대충 군이 제
기한 문제의 정답은 선생님이 말씀하신
대로 광물이 맞습니다. 따라서 이대충
군이 쓴 답인 암석은 틀린 답으로 결정
하여 이대충 군의 유급을 인정합니다.

광물과 암석의 정의

광물이란 화학적인 원소로 표시
할 수 있는 화학 물질로 일반적
으로 자연적으로 존재하는 무기
물 고체의 결정 구조를 가지고
있는 물질을 말합니다.
암석이란 수많은 광물의 집합체
로 전혀 균열이 없는 돌멩이, 즉
지각을 구성하고 있는 단단한 물
질입니다.

불타는 돌

돌만으로도 맛있는 라면을 끓일 수 있을까요?

김기발 씨는 독특한 사업 아이템을 많이 개발해 내는 사람이다. 누워서 사용할 수 있는 컴퓨터, 전자동 자전거, 수면 양말 등 종류도 다양하다. 워낙 재치가 있어서 남들이 모두 하는 흔한 것으로는 좀처럼 만족하지를 못했다. 그는 시간이 날 때마다 색다른 아이디어로 새로운 발명에 몰두했다.

이렇게 노력을 하다 보니 김기발 씨의 사업도 날로 성장해 갔다. 이제 과학공화국에서 김기발 씨라고 하면 모르는 사람이 없을 정도로 유명해졌다.

그런 그가 최근에는 새로운 요리법에 대한 아이디어를 내고는 마을에 조그만 식당을 차렸다. 그의 가게는 라면 단일 메뉴였는데, 특이한 것은 그 식당에서는 불붙이는 조리 기구는 사용하지 않는다는 점이었다.

그런 소문이 나자 많은 사람들이 김기발 씨의 식당으로 몰려들었다. 그는 항상 손님들 앞에서 마술을 보여 주듯 직접 라면을 끓이는 모습을 보여 주었다.

"자! 날이면 날마다 오는 것이 아냐, 어딜 가나 볼 수 있는 흔한 것도 아냐. 오늘 이 시간 이 김기발의 식당에 오신 분에게만 제공되는 볼거리야~~."

오늘도 김기발 씨는 손님들 앞에서 자신만만하게 자기 식당의 신기술을 보여 주기 위해 몸을 풀고 있었다.

"우리 식당의 자랑, 우리 식당만의 특이함. 돌 연료 라면! 자, 이 물에 돌을 넣어 라면을 끓여 보도록 하겠습니다."

"정말 돌과 물로 라면을 끓인다고?"

"말도 안 돼."

"자, 여길 보시면 알게 됩니다. 곧 눈앞에서 돌과 물이 만들어 내는 색다른 요리가 펼쳐질 것입니다."

사람들이 술렁대기 시작했다. 하지만 김기발 씨는 어떤 흔들림도 없어 보였다. 오히려 자신이 넘쳤다.

"자, 눈 떼지 마시고 집중해 주세요."

김기발 씨는 비커에 물을 붓기 시작했다. 이어서 손에 든 돌조각을 던져 넣더니 그 위에 철판을 올려 놓고 다음으로 라면 냄비를 올려 놓았다.

"에이, 뭐야 그냥 그대로잖아!!"

성급한 손님이 믿지 않으려하자 김기발 씨가 여유만만하게 답했다.

"아닙니다, 손님. 물이 끓는 데 시간이 좀 필요하단 걸 잊으셨군요. 잠시만 기다려 보시라니까요."

잠시 후 비커 속의 물이 정말 부글부글 끓으면서 철판이 달궈지더니 철판 위에 있는 냄비의 물이 끓기 시작했다.

"정말 라면 물이 끓고 있어."

"어쩜 이럴 수가 있는 거야? 이건 기적이야!!"

물이 끓는 모습을 보자 사람들은 놀라움에 입을 다물지 못했다.

"거 보세요, 제 라면은 신비의 라면이랍니다. 아무나 소화하지 못한다구요. 저 정도 되니깐 만들 수 있는 나만의 라면이랍니다."

김기발 씨의 가게에 들렀던 손님들 치고 이 라면에 대해 한마디씩 거들지 않는 사람이 없었다. 이렇게 김기발 씨의 라면 쇼는 날이 갈수록 온 마을에 소문이 더 퍼지게 되었다.

많은 손님들이 신비한 라면집이라 하여 김기발 씨의 식당으로 몰려들었다.

이렇게 되다 보니 다른 라면 식당들이 입는 피해가 이만저만이 아니었다. 피해가 늘어 가자 다른 식당들에서 의심의 목소리가 퍼져 나왔다.

물과 돌만으로 라면을 끓일 수는 없으며, 아마도 이미 끓여 놓은 라면이었을 것이라는 주장을 했다. 결국 그들은 김기발 씨를 사기죄로 지구법정에 고소했다.

생석회는 물과 반응하여 열을 내는데
용기가 닫혀 있을 때는
300도 이상의 높은 열을 발생시킵니다.

돌과 물만으로 물을 끓일 수
있을까요?
지구법정에서 알아봅시다.

원고측 변론하세요.

돌을 물에 던지면 가라앉아야지, 어떻게 물
이 부글부글 끓습니까? 이런 뻥이 어디 있
습니까? 김기발 씨가 가진 돌이 신의 돌이라도 됩니까? 정말
말도 안 돼. 아무튼 난 이런 비과학적인 사건들이 제일 싫어.
변론도 필요 없어. 김기발 씨는 사기죄가 틀림없어요.

지치 변호사. 흥분하지 마세요. 그럼 피고측 변론하세요.

저는 이번 사건의 당사자인 김기발 씨를 증인으로 요청합니다.

라면처럼 곱슬거리는 머리에 흰 요리사 복장을 한 30대의
남자가 증인석으로 들어왔다.

증인은 돌과 물로 높은 온도를 만들 수 있다고 손님들에게 얘
기했는데 그게 가능합니까?

보통의 돌로는 안 되지요.

그럼 어떤 돌인가요?

석회석을 높은 온도에서 가열하면 생석회라는 돌이 만들어집

니다. 이것이 바로 주인공입니다. 생석회는 다른 말로 산화칼슘이라고도 부르지요.

정말 생석회를 물에 넣으면 열이 나옵니까?

그렇습니다. 최고 360도 정도까지 열을 낼 수 있습니다.

그렇게 높은 온도가 되는 이유는 뭐죠?

생석회는 물과 반응을 하면서 열을 냅니다. 보통 열린 용기에서는 80~90도 정도의 열을 내지만 용기가 막혀 있을 때는 300도 이상의 열을 내지요. 그러니까 이렇게 높은 온도로 가열된 철판은 아주 뜨거워지겠지요? 그래서 그 위에 놓인 라면 냄비의 물이 끓게 되는 거지요.

정말 신비의 돌이군요. 판사님! 어때요? 우리 의뢰인.

정말 김기발 씨는 기발한 아이디어를 많이 가지고 있군요. 아무튼 이번 사건은 논란의 여지가 없어졌어요. 김기발 씨의 조리법대로 했을 때 라면이 끓는다는 것은 법정 과학 연구소에서도 실험을 해 보았으니까요. 그러므로 원고측의 주장은 근거가 없다고 판결합니다.

생석회의 용도

생석회는 다양한 용도로 우리 생활에 활용되고 있습니다. 강철을 만들 때 불순물을 제거해 주는 기능은 물론 과일들을 빨리 익히기 위해 사용되기도 하며 석회 비료, 혼합 시멘트 등 토목 건축 재료와 표백제의 원료로 쓰이기도 합니다.

　재판 후 김기발 씨의 라면집은 더욱 더 사람들이 많아졌다. 하지만 새로운 발명을 원하는 김기발 씨는 자신의 아이디어를 모든 사람이 이용할 수 있게 해 주었고, 결국 다른 라면집들도 이 방법으로 라면을 끓여 손님들이 여러 식당으로 나뉘게 되었다. 그리고 지금 김기발 씨는 또 다른 발명품을 위해 새로운 아이디어를 구상하고 있다.

다이아몬드의 진실

전문가가 아니어도 다이아몬드를 감별할 수 있는 방법이 있을까요?

40대 초반의 이부자 씨는 과학공화국 10대 부자 중의 한 명이다. 이부자 씨는 최근 사랑에 빠졌는데 상대는 그보다 열 살 어린 한사치 양이었다. 두 사람의 사랑은 점점 깊어져 두 사람은 결혼을 하기로 결심했다.

"결혼 선물은 무엇을 해 줄까? 오 베이비!"

이부자 씨가 기름기 좔좔 흘러내리는 목소리로 한사치 양에게 물었다.

"아이, 몰라. 나 아직도 당신에게 베이비인 거 맞지?"

"당신은 나의 영원한 애기야. 완전 사랑하잖아."

애교 백단 한사치 양의 코맹맹이 애교가 이부자 씨를 다시 한 번 녹이고 있었다.

"난 자기 그 애교 코맹맹이가 젤 좋더라."

"그럼 있잖아, 나 이따만큼 큰 다이아몬드, 세상에서 제일 큰 걸로 갖고 싶은데, 어케 가능하겠어, 쟈기이~~?"

한사치 양의 애교가 한층 더 올라가고 있었다. 한사치 양이라면 뭘 해도 좋아 까무러치는 이부자 씨는 이미 다이아몬드 가격과는 상관없이 마음이 마구 흔들리고 있었다.

"우리 쟈긴, 역시 아름다운 것이라면 보는 눈이 남다르구나. 내 베이비가 꼭 다이아몬드를 가지고 싶다면!!"

"아이, 몰라 몰라~~ 쟈쟈가 최고야. 아잉아잉~~."

이부자 씨의 승낙에 한사치 양의 애교는 옆에서 들어 줄 수가 없을 정도로 닭살의 단계로 가고 있었다. 한사치 양의 애교에 홀딱 넘어가 있는 이부자 씨는 전국에서 가장 큰 다이아몬드를 취급하는 도매상 나큰손 씨를 만나러 갔다.

"어머, 이부자 씨 아니세요? 요즘은 좀 뜸하시더니."

"그러고 보니 우리 사치 양이 요즘은 전자 제품에 올인하고 있어서 보석상에 올 일은 별로 없었네요."

"그러셨어요? 너무 발길이 없으셔서 무슨 일인가 했어요. 그런데 어쩐 일로 오셨어요?"

"우리 베이비가 세상에서 가장 큰 다이아몬드를 원하네."

이부자 씨의 말에 나큰손 씨의 표정이 확 밝아졌다.

"역시 사치씨는 손이 크고 보는 눈이 남달라요."

"그러니까 제 여친이지 않겠어요. 우리 곧 결혼하거든요. 결혼 선물이니까 그쯤은 해야지 않겠어요?"

"부자 사장님 커플은 천생연분인가 봐요. 이렇게 안목이 고급인 사람들이 만나기도 어려운데 말이죠."

"여튼 다이아몬드 좀 구해 놓으세요. 빠르면 빠를수록 좋아요."

"그러죠. 구해서 연락드릴게요."

나큰손 씨는 전국의 다이아몬드 판매 상인들을 모두 집합시켜 가장 큰 다이아몬드를 경매로 구입했다. 그리고 상당한 이윤을 붙여 이부자 씨에게 팔았다.

"손님, 저 이거 구하느라 너무 힘들었던 건 아시려나 모르겠어요."

"구하긴 구했나 보군요. 어디 좀 봐요."

"우선, 가격은 제가 부르는 만큼 쳐 주시기예요."

"나, 이부자거든요. 돈 같은 건 걱정하지 않아도 된다고요."

이부자 씨는 나큰손 씨가 내민 다이아몬드를 보고 흡족해했다. 나큰손 씨는 이부자 씨의 만족 덕에 엄청난 수익을 올릴 수 있었다. 다이아몬드를 손에 넣은 이부자 씨는 당장 한사치 양에게 달려가 결혼 선물을 건네주었다. 이제 두 사람의 사랑은 식만 올리면 완결이 되는 듯 보였다. 그런데 며칠 후 한사치 양이 허겁지겁 이부자 씨의 집으로 달려왔다. 그녀는 매우 화가 난 표정이었다.

"어떻게 결혼 선물로 가짜를 줄 수 있어요? 벌써 마을에 소문이 쫙 퍼졌어요. 나큰손 씨가 당신에게 가짜 다이아몬드를 팔았다고……."

한사치 양의 말에 이부자 씨는 매우 놀라 나큰손 씨를 가짜 다이아몬드를 판매한 혐의로 경찰에 신고했고 경찰에서는 다이아몬드의 진위여부를 지구법정에 의뢰했다.

다이아몬드에 물을 한 방울 떨어뜨렸을 때
물이 그대로 흘러내리면 보통은 가짜이고,
방울이 되어 맺히면 진짜로 볼 수 있습니다.

진짜 다이아몬드와 가짜 다이아몬드는 어떻게 구별할까요?
지구법정에서 알아봅시다.

재판을 시작합니다. 이번 사건은 원고와 피고가 없으므로 각자 의견을 말해 보세요.

지금 법정에 보이는 다이아몬드가 바로 문제의 다이아몬드입니다. 얼마나 반짝거립니까? 반짝거린다는 것은 다이아몬드의 상징입니다. 저것은 진짜임에 틀림없습니다.

뭐 좀 과학적인 내용 없어요?

제가 과학이 좀 짧아서…….

어쓰 변호사는 어떻게 생각합니까?

저는 50년 동안 다이아몬드 감정을 해 오신 다이야 씨를 참고인으로 부르겠습니다.

머리가 훤하게 벗겨져 다이아몬드처럼 빛나는 대머리 할아버지가 증인석으로 들어왔다. 그는 예리한 눈빛으로 다이아몬드를 노려보았다.

참고인이 보고 있는 다이아몬드가 진짜인가요?

덜 반짝거리는 걸로 보아 가짜 같습니다.

그럼 진짜와 가짜를 구별하는 방법이 있습니까?

간단한 방법이 있습니다.

그게 뭐죠?

일단 제가 준비해 온 진짜 다이아몬드로 실험해 보겠습니다.

다이야 씨는 진짜 다이아몬드에 물을 한 방울 떨어뜨렸다. 그러자 물이 방울이 되어 다이아몬드에 맺혔다.

이게 진짜 다이아몬드의 특징입니다.

뭐가요?

진짜 다이아몬드에 물을 흘리면 물이 방울이 되어 맺히지요.

그럼 가짜는요?

직접 보시죠.

다이야 씨는 문제의 다이아몬드에 물을 흘렸다. 이번에는 물이 방울이 되지 못하고 바닥으로 흘러내렸다.

이게 바로 가짜의 특징입니다. 물이 방울이 되어 맺히지 못하고 흘러내리지요.

또 다른 구별법은 없습니까?

있습니다. 유성펜으로 써 보면 됩니다.

어떤 차이가 있지요?

진짜 다이아몬드는 기름과 친한 성질이 있어 유성펜이 매끈하게 그어지지만 가짜는 그런 성질이 없어 유성펜 글씨가 끊어짐이 있고 매끄럽지 않게 되지요.

이제 가짜라는 게 명백해졌군요.

그렇군요. 하지만 우리 법정에서는 가짜와 진짜를 구별하는 일만 의뢰받았으므로 가짜를 진짜로 판 사기죄에 대해서는 일반법정에서 다루게 하겠습니다.

 다이아몬드가 루비보다 찬밥 신세일 때가 있었다?

보석 중의 보석으로 평가받고 있는 다이아몬드. 하지만 이러한 다이아몬드도 중세까지는 원석으로만 취급했으며 루비나 에메랄드 등의 보석보다 더 낮게 평가되었습니다. 다이아몬드가 보석으로서 최고의 자리를 굳히게 된 것은 17세기 말 베네치아의 V.페르지에 의해 브릴리언트 컷의 연마법이 발명된 후의 일입니다.

대리석 건물의 화재 사건

대리석 건물에 불이 났을 때 염산만으로도 끌 수 있을까요?

과학공화국의 사이언스시티에는 지온 초등학교라
는 과학 영재를 키우는 학교가 있었다. 과학 특성
화 학교인 만큼 이 초등학교에는 과학 실험실이 많
았다. 아이들에게 직접 실험을 통해 눈으로 보게 하려는 의도에서
였다. 이 학교에 들어온 학생들은 물론, 선생님의 자부심도 대단
했다.

그날은 화학 실험이 있는 날이었다. 아이들은 케미오 선생님과
함께 화학 실험실로 갔다. 그날의 실험은 염산을 금속에 부어 수소
를 발생시키는 실험이었다.

염산은 몸에 조금만 닿아도 피부를 녹이는 무시무시한 물질이다. 워낙 위험한 물질이라서 케미오 선생님은 물에 타서 묽게 한 염산을 만들어 각 조에 나누어 줄 생각이었다. 케미오 선생님은 이번 실험만큼은 긴장의 끈을 놓지 않았다.

지온 초등학교 실험실의 바닥과 벽은 화려한 대리석으로 이루어져 있었다.

케미오 선생님은 조심스럽게 아이들에게 실험 방법을 알려 주었고 아이들도 바짝 긴장을 하면서 실험에 임했다.

"염산은 아주 위험한 용액이에요. 절대로 몸에 닿지 않도록, 이번엔 정말 조심해 주어야 합니다."

"진짜 그렇게 무시무시한 힘이 있나요? 그럼 무서워서 어떻게 실험해요?"

"하지만, 우리 몸속에도 있어야 할 만큼 꼭 필요한 용액이니까 염산 실험을 피해 갈 순 없습니다. 그러니깐 오늘은 다들 더 조심해서 실험에 임하도록 하세요."

"그런데 어째서 몸에 닿으면 안 되는 거예요?"

무시무시한 용액이라는 말을 듣자 아이들의 호기심은 더 커졌다.

"염산이 몸에 닿으면 살이 타 버릴 수도 있습니다. 여러분! 이번 실험은 꼭꼭 조심해 주어야 해요."

그 때 갑자기 맨 뒤 책상에 앉아 있던 나발끈 군의 옆에서 불이 모락모락 피어올랐다. 전기 합선으로 스파크가 일었고, 이로 인해

나발끈 군의 실험 노트에 불이 붙었던 것이었다.

"불이야!"

아이들이 놀라 소리를 질렀다.

"꺄아악!!"

불을 본 아이들이 우왕좌왕 하는 데다 실험실에는 염산까지 있어서 케미오 선생님 역시 당황하지 않을 수 없었다. 교실에서의 소란을 듣고 수위 아저씨인 다지켜 씨가 달려왔다. 불을 본 수위 아저씨는 소화기를 찾아다녔으나 얼른 눈에 띄지 않았다.

"이 상태로는 모두 위험해지겠어요, 선생님. 우선 아이들을 데리고 대피하세요."

"수위 아저씨도 같이 가시죠! 위험해 보여요."

"전 우선 소화기를 좀 더 찾아보고요."

수위 아저씨는 케미오 선생님과 아이들을 먼저 대피시키고 불길을 잡아 보려고 했지만, 소화기는 찾을 수 없었다. 결국 수위 아저씨도 손을 쓰지 못한 채 불길을 피해 도망쳤고, 화학 실험실은 그대로 활활 불타오르다가 소방차가 온 후에야 불을 끌 수 있었다.

그 후 학교에서는 다지켜 씨에게 화재 책임을 물어 사직시켰다.

"난 억울하다고요. 아이들도 다 대피시켰고, 내가 불을 낸 것도 아니잖아요."

"당신의 역할이 무엇입니까, 학교를 지키는 것 아닌가요? 근데 실험실이 불에 타 버렸어요."

"난 최선을 다했다고요. 학교 측에서 실험실에 소화기를 준비해 두지 않은 것이 잘못이죠."

다지켜 씨는 자신의 해고는 정당하지 않다고 주장했다. 그래서 이 사건은 지구법정에서 다루어지게 되었다.

대리석 건물에 불이 났을 경우 염산을 부으면
이산화탄소가 발생되어 불이 꺼지게 됩니다.

대리석 건물에 불이 나면 어떻게
불을 끌 수 있을까요?
지구법정에서 알아봅시다.

재판을 시작합니다. 먼저 다지켜 씨의 변호
인 변론하세요.

소화기가 없는데 어떻게 불을 끕니까? 당
연히 불이 나면 도망쳐서 인명 피해가 없도록 하는 게 최우선
이지요. 그런 의미에서 다지켜 씨는 수위로서 자신의 책임을
다했다고 봅니다. 그러므로 다지켜 씨의 해고는 부당합니다.

그럼 학교측 변호인 변론하세요.

이번 화재 사건에 대한 현장 조사를 한 화재 과학 연구원의
이불로 박사를 증인으로 요청하겠습니다.

검은색 양복에 푸른 넥타이를 맨 40대의 남자가 증인석에
앉았다.

증인이 하는 일은 뭐죠?

화재의 원인을 찾아내고 여러 가지 상황에서 화재를 진압하
는 방법을 연구하는 일입니다.

이번 화재 현장을 조사하셨죠?

네. 그렇습니다.

뭔가 다른 화재 현장과 다른 점이 있었습니까?

네, 벽과 바닥이 온통 대리석이었습니다.

대리석이 뭐죠?

석회암이 변성되어 생긴 변성암입니다.

변성암이 뭔데요?

암석이 높은 열과 압력에 의해 성질이 변하여 만들어진 것입니다.

그럼 어떤 성질이 있지요?

대리석도 석회암처럼 염산을 뿌리면 이산화탄소가 발생합니다.

가만, 이산화탄소가 나오면 불을 끌 수 있는 거 아닌가요?

맞습니다. 소화기에서 나오는 기체가 바로 이산화탄소니까요.

그렇다면 당시 아이들이 묽은 염산으로 실험을 하고 있었으므로, 묽은 염산을 불이 난 주위 바닥에 뿌렸다면 대리석에서 이산화탄소가 발생해 불이 꺼질 수도 있었다는 얘기군요.

그렇습니다.

대리석 건물에 불이 나면 염산을 부어서 이산화탄소를 발생시켜 불을 끌 수 있습니다. 그런데 다지켜 씨는 그 사실을 모르고 무조건 도망친 것이지요.

대리석과 염산으로 이산화탄소를 발생시켜 불을 끈다? 정말

놀라운 소화 방법입니다. 판결합니다. 다지켜 씨는 학교에 사고가 발생했을 때 대처할 방법을 평소에 준비할 의무가 있습니다. 소화기가 없었다면 갖춰 둬야 했습니다. 또한 대리석의 성질을 알았다면 충분히 불을 끌 수도 있었습니다. 다지켜 씨는 수위로서 학교의 안전을 지키지 못한 실수가 있음을 인정합니다. 하지만 이번 사고에서 인명 피해가 한 명도 없도록 노력한 다지켜 씨의 행동을 높이 사 다지켜 씨를 복직시키고 그에게 여러 가지 긴급 소화법 연수를 다녀 올 것을 판결합니다.

 대리석은 산성비가 무서워!

대리석은 석회석 성분인 탄산칼슘으로 이루어진 염기성 물질로 산성 물질과 반응합니다. 대리석이 염산과 반응해 녹으면서 이산화탄소가 발생하는 것처럼 산성비에 노출되면 부식될 수 있는 것이지요.

파우더가 돌이라고요?

파우더의 원료는 무엇일까요?

지오니시티는 과학공화국 남부에 위치한 유명한 활석 광산이 있는 곳이다. 이곳이 유명한 또 한 가지 이유가 있는데, 그것은 바로 이곳 사람들의 소박한 생활 습관이다. 어찌나 소박했던지 옷이 떨어지기 전에는 옷을 사는 일도 없고, 때로는 떨어진 옷도 다시 입을 정도였다. 이런 지오니시티 사람들에게 화장품을 사용하는 일은 흔한 일이 아니었다. 하지만 최근 들어서 젊은 여성들을 중심으로 화장이 유행하고 있었다.

"요즘 젊은이들 돈 아까운 줄 모르고, 얼굴에 화장이라는 걸 하는데, 그렇게 돈을 쓴다네요."

"그러게요, 얼굴은 허옇게 귀신처럼 해 가지고, 그게 뭐 예쁘다고 그러는지 모르겠어요."

워낙 검소했던 지오니시티 사람들인지라 젊은이들의 화장을 이해하지 못하는 어른들이 많았다. 하지만 어른들의 우려와는 달리 화장은 점점 더 인기를 끌어갔다.

그러한 유행의 흐름에 따라 화장품 가게들도 지오니시티 시내 곳곳에 생겨났다. 점원들은 열심히 상품을 소개하고 다녔다.

"아직 화장이 서투르시니까, 우선은 기초 화장품을 사용하는 것을 강추해 드려요."

"기초가 뭐죠?"

"얼굴에 색을 입히는 화장이 아니라 피부 보호 차원에서 하는 화장이랍니다."

"그럼 색을 입히는 건 기초 다음에 하는 건가요?"

"네, 그렇죠."

젊은이들은 비싼 돈을 들여 기초 화장품을 샀다. 그리고 시간이 조금 더 지나자 다음 단계의 화장까지 하기 위해 더 많은 돈이 화장품 가게로 흘러들어가고 있었다.

이러한 상황이다 보니 나이 든 사람들은 큰돈을 들여 화장품을 사는 아가씨들을 곱지 않은 눈으로 바라보게 됐다.

"버는 것도 별로 없는데 화장품 값으로 돈을 낭비하다니……."

"우리 집 애도 집안 한가득 화장품이에요. 종류는 또 뭐가 그리 복잡하고 많은지. 근데 그걸 다 바르고 나가요."

"돈을 퍼다 나르는 수준이더라고요. 이러다간 큰일나겠어요."

마을의 어르신들은 아가씨들이 가게에서 화장품을 사 오는 것을 보면서 한심스러운 표정으로 말하곤 했다.

그러던 어느 날 마을 어르신 이돌석 씨가 광산에서 우연히 가지고 온 활석을 곱게 가루로 만들었는데, 그 모습이 화장품 파우더와 너무나 흡사했다.

"이거 어디서 많이 보던 것 같은데?"

"돌석씨도 그렇게 생각했어요? 나도 어딘가 낯이 익은 것이…… 이걸 어디서 봤더라?"

"아, 맞다! 우리 딸 화장품에 이런 게 있던데. 이것들이 그럼?"

"돌가루를 화장품으로 속여 판 거네요! 정말 이대로 두고 볼 순 없겠어요."

이돌석 씨는 화를 참지 못하고 지오니시티에 들어와 파우더를 판매한 모든 화장품 회사를 지구법정에 고소했다.

시중에 나와 있는 많은 파우더들이 활석을 원료로 하고 있습니다.
활석은 우리 몸에서 쉽사리 분해되지 않는 광물로 활석 파우더에는
암을 유발하는 석면이 포함되어 있어 유해한 측면이 있습니다.

파우더와 활석은 무슨 관계가
있을까요?
지구법정에서 알아봅시다.

재판을 시작합니다. 먼저 피고측 변론하
세요.

돌가루로 화장품을 만든다고요? 말도 안

되죠! 돌가루를 얼굴에 묻히면 얼굴이 고와지기는커녕 얼굴

에 흠집이 생기게 될 텐데요. 그런데 파우더를 바르면 여자의

얼굴이 고와지잖아요? 그러니까 파우더의 재료는 돌가루가

아닙니다.

원고측 변론하세요.

화장품 재료 연구소의 이발라 박사를 증인으로 요청합니다.

얼굴이 백옥처럼 고운 20대 후반의 여자가 엉덩이를 실룩
거리며 증인석으로 들어왔다.

증인이 하는 일은 뭐죠?

화장품이 될 수 있는 재료를 모두 찾아다니는 거죠.

그럼 파우더와 활석은 어떤 관계가 있나요?

파우더는 활석 가루를 주성분으로 하고 거기에 탄산마그네

슘, 규산칼륨과 향료를 넣어서 만듭니다.

그럼 돌가루가 맞네요? 그런데 어떻게 그렇게 가루가 곱죠?

활석은 겉이 맨질맨질하고 아주 무른 광물입니다. 모스굳기에서도 가장 무른 광물인 1단계이지요. 이 활석 가루는 촉감이 매끄러워 마치 비누를 만지는 느낌이지요.

그건 알고 있습니다. 하지만 광물을 얼굴에 바른다는 게 잘 이해가 안 돼서요.

먹는 광물도 있는데요?

그게 뭐죠?

소금도 암염이라는 광물입니다.

허! 정말 신기하군요. 아무튼 활석 가루가 파우더의 주원료라는 것을 알았으므로 이돌석 씨의 주장은 옳다고 여겨집니다.

판결합니다. 파우더가 활석 가루를 주성분으로 한다고 해서 인체에 영향을 주는 것도 아니므로 얼굴에 바르지 못할 이유는 없다고 생각합니다. 다만 이돌석 씨의 마을에서는 활석이 많이 생산되므로 화장품 회사에 활석 가루를 제공하여 마을 전체의 수익 사업으로 만드는 건 어떨지 추천해 봅니다.

재판이 끝난 후 지오니시티 사람들은 활석 광산을 개발해 많은 양의 활석 가루를 전국의 화장품 회사에 공급하고 큰 수익을 올렸다.

지각의 구성

지각은 암석으로 구성되어 있으며, 암석은 광물로 되어 있어요. 그리고 광물을 분석하여 보면 광물은 여러 가지 원소들로 이루어져 있지요. 그리고 대부분의 광물들은 주로 산소와 규소로 이루어져 있어요.

그럼 광물의 특성에 대해 알아보죠.

암석을 이루는 알갱이를 광물이라 하며, 광물은 지각을 구성하는 물질의 기본 단위예요. 광물은 지금까지 약 2500여 종이 알려져 있으며, 같은 종류의 광물은 화학 성분과 내부 구조가 같아 각각 독특한 성질을 지닙니다.

광물은 어떤 형태를 가지고 있을까요? 다음과 같이 나누어질 수 있어요.

결정형 광물: 겉모양이 규칙적인 여러 개의 면으로 이루어진 광물이다. 자연 상태에서 결정 형태로 산출되는 광물들은 대부분 규칙적인 겉모양을 하고 있으며 석영, 장석, 운모, 각섬석, 휘석,

감람석 등이 여기에 속한다.

비결정형 광물 : 결정면이 나타나지 않는 외형이 불규칙적인 광물을 말한다. 수은, 흑요석, 천연 유리, 단백석 등이 있다.

여러 가지 광물은 색깔도 제 각각 달라요. 예를 들면 석영은 무색 또는 흰색, 장석은 흰색이나 회색 또는 분홍색, 흑운모는 검은색을 띠지요.

광물의 진짜 색은 뭘까요? 그것을 알기 위해서는 조흔색이라는 것을 알아야 합니다. 광물을 초벌구이 자기판(조흔판)에 그었을 때 나타나는 광물 가루의 색을 조흔색이라고 해요. 대부분의 광물은 조흔색과 겉보기색이 같지만, 광물에 따라서는 조흔색과 겉보기색이 전혀 다르게 나타나기도 하죠. 예를 들어 금과 황철석은 겉보기색은 같지만 금의 조흔색은 금색이고 황철석의 조흔색은 검은색이지요. 즉 조흔색이 광물의 진짜 색깔이지요.

이번에는 광물의 굳기에 대해 알아볼까요? 광물의 단단하고 무른 정도를 굳기라고 하며, 모스 굳기계를 사용하여 측정해요. 모스쿤기란 독일의 광물학자 모스가 광물 중에서 비교적 흔한 10가지 광물을 선택하여, 가장 무른 활석에서부터 가장 단단한 금강석까지를 굳은 정도에 따라 1에서 10까지의 등급으로 정한 것이랍니다.

광물은 어떤 모양을 하고 있을까요? 광물 특유의 겉모양을 결정형이라고 하는데, 광물은 종류에 따라 독특한 결정형을 가져요. 석영은 육각기둥, 금강석은 팔면체, 흑운모는 육각의 얇은 판 모양, 황철석은 정육면체 모양이지요. 색깔이 달라도 결정형이 같으면 같은 광물이에요.

광물에 힘을 가하면 어떻게 될까요? 이 때 일정한 방향으로 쪼개지는 성질을 쪼개짐이라고 해요. 방연석은 정육면체, 운모는 얇은 판상, 방해석은 기울어진 육면체의 쪼개짐을 보이고, 흑운모는 광물들 중에서 쪼개짐이 가장 발달한 광물이에요. 또 광물에 힘을 가했을 때 일정한 방향으로 쪼개지지 않고 불규칙한 면을 보이면서 깨지는 성질을 깨짐이라고 하는데 석영, 황철석, 감람석, 흑요석 등은 깨짐이 나타나지요.

어떤 광물은 자석에 붙기도 해요. 이러한 광물의 성질을 자성이라고 하지요. 자성을 이용하여 광물을 감별할 수 있으며, 자철석은 자성이 가장 강한 광물이에요.

또 신기한 광물의 특징을 볼까요? 방해석은 칼슘, 탄소, 산소의 화합물인 탄산칼슘으로 이루어져 있는데, 묽은 염산과 반응하여 거품을 내지요. 방해석의 표면에 거품이 생기는 것은 이산화탄소가 발생하기 때문이며, 이 성질을 이용하여 광물을 감별할 수 있어요.

단위 부피의 질량을 밀도라고 하는데, 광물의 종류에 따라 밀도가 다르죠. 그러므로 이를 이용하여 광물을 감별할 수 있어요. 밀도가 큰 광물로는 철, 마그네슘, 텅스텐 등과 같은 금속 원소의 화합물로 된 광물이 있는데 이들은 광물의 색깔이 어둡지요. 흑운모, 각섬석, 휘석, 감람석 등이 여기에 속해요. 밀도가 작은 광물로는 주로 산소, 규소로만 이루어진 석영과 같은 광물이 있지요. 석영은 철, 마그네슘 등과 같은 원소를 포함하고 있지 않아 가볍고 밝은 색을 띤답니다.

과학성적 끌어올리기

조암 광물

암석을 이루는 주된 광물을 조암 광물이라고 말하며, 지각의 92%를 차지하지요. 석영, 장석, 흑운모, 각섬석, 휘석, 감람석 등이 주요 조암 광물이에요. 조암 광물의 90% 이상은 산소와 규소가 결합하여 만들어진 규산염 광물이지요. 어떤 광물이 조암 광물인지 살펴보죠.

1) 석영: 산소와 규소로 되어 있어 조암 광물 중 화학 조성이 가장 간단하며, 모래의 주성분을 이룬다. 석영 중에서 규칙적인 결정을 수정이라고 하며, 석영은 풍화를 받아서 모래가 된다.

2) 장석: 흰색 또는 엷은 분홍색을 띠며 조암 광물 중 가장 많은 부피비를 차지한다. 비교적 단단하나 쪼개짐이 뚜렷하고 풍화되면 고령토가 된다.

3) 운모: 조암 광물 중에서 가장 잘 쪼개지며 절연체로 쓰인다. 색깔이 검은 것은 흑운모, 색깔이 흰 것은 백운모라고 한다. 철과 마그네슘을 포함하고 있는 흑운모의 조흔색은 흰색이다.

4) 각섬석: 검은색 또는 어두운 녹색이며, 두 방향으로 쪼개짐이 뚜렷하고 기둥 모양으로 쪼개진다.

5) 휘석: 암록색, 암갈색이며 기둥 모양으로 쪼개지고 다른 조암 광물에 비해 밀도가 큰 편이다.

6) 감람석: 연한 녹색을 띤 광물로서, 조흔색은 흰색이며 쪼개짐 이 뚜렷하지 못하다.

7) 방해석: 보통 무색 투명하거나 흰색이며, 찌그러진 성냥갑 모 양으로 쪼개진다. 대리암, 석회암의 주성분으로 묽은 염산과 반응하여 이산화탄소를 발생시킨다.

조암광물 성질	석영	장석	〈흑〉운모	각섬석	휘석	감람석
결정형						
색깔	무색, 흰색, 보라색	흰색, 분홍색	어두운 갈색, 녹색	녹색, 청녹색	어두운 녹색	황록색
조흔색	없음	흰색	흰색	엷은 녹색	엷은 녹색	흰색
쪼개짐	없음	두 방향으로 쪼개짐	얇은판 모양	두 방향으로 쪼개짐	두 방향으로 쪼개짐	없음
굳기	7	6-6.5	2.5-3	5-6	5-5.6	6.5-7

암석

이번에는 광물로 이루어진 여러 가지 암석에 대해 알아보죠. 먼저 화성암에 대해 알아보죠.

화성암은 고온의 마그마가 지하 깊은 곳에서 천천히 식거나 지표로 흘러나온 용암이 급히 식어서 굳어진 암석이에요. 마그마는 지하 깊은 곳에 있는 액체 상태의 물질이지요. 마그마는 항상 존재하는 것이 아니라 지구 내부에서 발생한 열에 의해 물질이 녹아서 일시적으로 생기죠. 마그마는 지각의 밑 부분이나 맨틀의 윗부분에서 생기며, 이곳은 지하 수십에서 수백 킬로미터 정도예요.

그리고 마그마의 온도는 약 900~1200도 정도죠. 지하 깊은 곳에 있는 마그마는 높은 압력을 받고 있어요. 마그마는 지각의 약한 틈이나 약한 곳을 뚫고 온도와 압력이 낮은 지표 쪽으로 이동하기도 하지요.

화성암에는 어떤 것들이 있을까요? 마그마가 굳는 속도는 마그마 속에서 결정이 만들어지는 과정에 큰 영향을 미치게 되며, 따라서 마그마가 굳어 만들어진 암석의 성질이나 모양이 달라지지요.

그래서 화성암에는 다음과 같은 암석이 있어요.

1) 화산암: 마그마가 지표로 분출하거나 지표 근처에서 급히 식어서 굳어진 암석이다. 광물 결정이 반응하여 커질 시간적 여유가 없으므로, 결정이 매우 작다. 유문암, 안산암, 현무암이 대표적인 화산암이다.

2) 심성암: 마그마가 지하 깊은 곳에서 서서히 식어서 굳어진 암석이다. 암석을 이루는 결정이 반응할 시간적 여유가 충분하므로 결정이 크다. 화강암, 섬록암, 반려암이 대표적인 심성암이다.

그럼 화강암과 현무암의 차이를 알아보죠. 화강암은 지하 깊은 곳에서 마그마가 굳어진 심성암의 한 종류로, 우리나라에서 가장 흔한 암석이죠. 화강암은 흰색, 분홍색을 띠는 장석을 가장 많이 포함하고 있고 석영도 밝은 색 광물이기 때문에 전체적으로 암석의 색깔이 밝지요.

그럼 현무암의 특징은 뭘까요? 현무암은 마그마가 지표 부근에서 굳어진 화산암의 한 종류로, 제주도와 울릉도 지방에서 볼 수

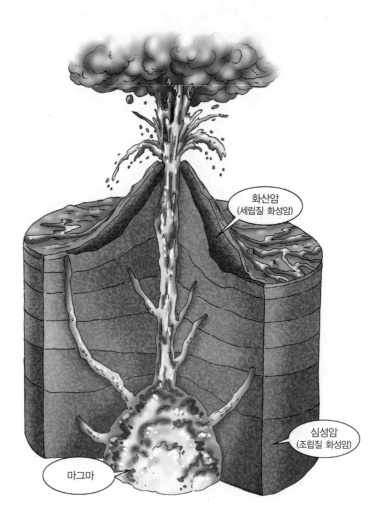

화산암
(세립질 화성암)

심성암
(조립질 화성암)

마그마

있어요. 색깔이 검은 편이며 표면에 많은 구멍이 있지요.

이번에는 퇴적암에 대해 알아보죠.

침식 작용이 가장 활발한 것은 흐르는 물이에요. 흐르는 물이 물질을 침식, 운반하여 물 밑에 쌓인 것을 퇴적물이라고 하지요. 물의 흐름이 느려진 큰 강, 호수, 바다 밑에는 이러한 퇴적물이 계속 쌓이게 돼요. 이 때 진흙, 모래, 자갈 등의 퇴적물이 여러 가지 풍화 작용에 의해 침식, 운반되어 바다나 강, 호수의 밑바닥에 쌓인 후 굳어서 만들어진 암석을 퇴적암이라고 해요.

그럼 퇴적암은 어떻게 만들어질까요? 다음과 같은 세 가지 작용을 거쳐 만들어지지요.

1) 운반 작용: 지표면의 암석이 풍화 작용과 침식 작용을 받아 자갈, 모래, 진흙으로 부서지면, 이들은 유수, 빙하, 바람, 파도 등에 의해 낮은 곳으로 운반된다.
2) 퇴적 작용: 육지로부터 운반되어 온 퇴적물들이 호수나 강, 바다의 밑바닥에 쌓인다.

3) 다지는 작용: 나중에 쌓인 퇴적물이 먼저 쌓인 퇴적물을 눌러
서 물을 빼고 퇴적물 알갱이들을 서로 밀착시킨다.

4) 굳어지는 작용: 광물 속에 녹아 있는 광물질이 퇴적물 알갱이
들 사이를 메우고 서로 붙여 준다.

퇴적암에는 어떤 특징이 있지요? 퇴적암에는 줄무늬 모양의 켜
가 여러 겹으로 나타나는 층리가 있어요. 퇴적암 층리의 줄무늬는
해수면과 평행한데, 퇴적물들의 종류가 다르기 때문에 나타나지
요. 그리고 퇴적암 속에는 과거에 살았던 생물의 유해나 흔적이 남
아 있는 화석이 존재해요. 그래서 화석을 통해 퇴적물이 쌓일 때의
자연 환경을 추측할 수 있지요.

그럼 퇴적암에는 어떤 것들이 있을까요? 다음과 같은 것들이 있
어요.

1) 역암: 자갈, 모래, 찰흙 등이 뒤섞인 채로 쌓여서 마치 콘크리
트처럼 굳어진 퇴적암을 말한다.

2) 사암: 주로 모래로 이루어진 퇴적암을 말한다.

3) 셰일: 알갱이가 매우 작은 찰흙이 쌓여서 굳어진 암석으로 얇은 켜로 쪼개지는 성질이 있다.

4) 석회암: 바닷물에 녹아 있던 석회질 성분이 침전하거나, 산호와 조개껍질 또는 물고기와 같은 작은 동물의 유해가 쌓여서 굳어진 암석을 말하며, 석회암은 시멘트의 원료로 이용된다.

5) 응회암: 화산재가 바람에 의해 운반되어 쌓여서 굳어진 암석을 말한다.

6) 암염: 바닷물이나 염분이 많은 호수에서 물이 증발되면서 남은 소금 성분이 굳어진 것을 말한다.

자! 이제 마지막으로 변성암에 대해 알아보죠.

변성암은 지하 깊은 곳에 묻혀 있던 화성암이나 퇴적암이 높은 온도와 압력을 받아 암석을 구성하는 광물들의 성질이나 조직이 변하여 만들어진 암석이죠.

변성암의 생성 과정은 다음과 같아요.

1. 지층이 수 미터에서 최대 1만5천미터의 두께로 쌓인다.

2. 1만5천미터 두꺼운 지층의 밑바닥은 지하 깊은 곳에 내려가 있다.

3. 지하 깊은 곳으로 내려간 지층은 고온, 고압의 환경에 놓이고 그 상태에서 적합한 암석으로 변한다.

변성암의 특징으로는 편리를 들 수 있어요. 변성암은 높은 압력을 받잖아요? 이 때 압력과 수직인 방향으로 광물들이 평행하게 배열되어 만들어진 무늬가 바로 편리에요.

변성암에는 어떤 것들이 있을까요? 다음과 같은 것들이 있지요.

1) 편암: 색깔이 다른 광물이 교대로 나타나며 평행한 줄무늬를 이루는데, 그 줄이 끊어졌다 이어졌다 한다.

2) 편마암: 편마암을 이루는 광물들은 편암에서보다 결정이 크다. 편리 구조는 역시 끊어졌다 이어졌다 나타나는 단속적 줄무늬를 이룬다.

3) 규암: 사암이 높은 온도에서 재결정 작용을 받아서 만들어진 암석이다.

4) 대리암: 대리암은 석회암이 열에 의한 변성 작용을 받아 생성

된 암석으로, 구성 광물은 방해석이다. 따라서 대리암을 염산과 반응시키면 이산화탄소를 발생시킨다.

암석의 순환

암석은 생성 과정에 따라 화성암, 퇴적암, 변성암으로 분류되지요. 이들은 한 번 생성된 그대로 있는 것이 아니라, 그 암석이 놓인 환경에 따라 오랜 기간에 걸쳐 다른 종류의 암석으로 계속 변화해요. 이러한 암석의 연관 관계를 암석의 순환이라고 하죠.

암석의 순환 과정을 좀 더 알아보죠. 다음과 같은 과정을 거쳐 암석이 순환돼요.

1. 지표 근처의 암석이 풍화, 침식, 운반 작용으로 바다에 쌓여 퇴적암이 만들어진다.
2. 두껍게 쌓인 퇴적암과 바다 밑의 화성암이 지하 깊은 곳으로 들어가 높은 열과 압력을 받으면 변성암이 된다.
3. 암석이 변성 작용을 받을 때보다 더 큰 열을 받게 되면 녹아서 마그마가 된다.
4. 마그마가 지표로 분출되거나 지하에서 식어 굳으면 화성암이

된다.

5. 화성암, 퇴적암, 변성암은 주위 환경에 따라 다른 종류의 암석으로 계속 변하면서 순환한다.

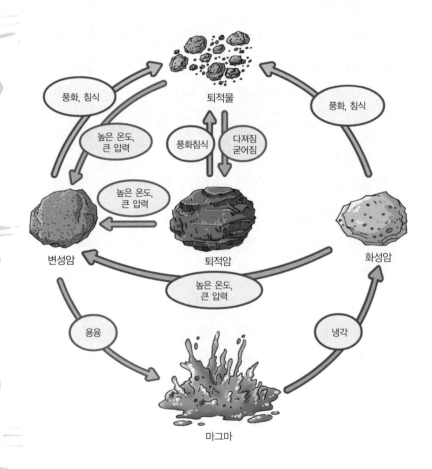

과학성적 끌어올리기

암석의 순환과 주위 환경은 어떤 관계가 있을까요? 물이 온도에 따라 고체, 액체, 기체 상태로 변하는 것과 같이 암석도 주어진 조건에 따라 안정한 상태를 유지하기 위하여 계속 변하죠. 암석이 생성되는 과정에는 보통 높은 온도와 압력이 작용해요. 가장 높은 온도와 압력을 받는 것은 화성암이 생길 때이고, 이에 비해 퇴적암은 비교적 낮은 온도에서 생기죠. 화강암은 보통 용융 상태의 마그마가 냉각되어 생성되지만, 고온 고압에 의한 변성 작용으로 고체 상태에서 화강암으로 변하는 경우도 있어요. 장석이나 운모를 가지고 있지 않던 암석도 화강암화 작용을 받는 과정에서 장석과 운모를 가지게 되죠. 그러므로 화강암은 화성암이기도 하지만 전혀 다른 암석이 변한 변성암이기도 하지요.

암석과 광물의 이용

이런 광물들은 어디에 이용할까요?

1) 금강석: 치밀하고 단단한 광물로 광택이 아름다워서 보석으로 취급되며, 다른 광물의 가공에 이용된다. 특히 연마제나 절삭제 등의 공구 재료로 이용된다.

2) 방해석: 시멘트의 재료로 이용된다.

3) 장석: 유리나 도자기의 원료로 사용되기도 하며, 최근에는 세라믹의 원료로 이용되기도 한다.

4) 운모: 전기 절연체로 이용된다.

5) 석영: 유리의 제조 원료로 이용되며, 광학 기구 등에 많이 사용된다.

6) 금, 백금, 티타늄 등: 화학 공업의 촉매나 특수 금속의 제작에 많이 이용된다.

이번에는 암석의 이용 예를 볼까요?

1) 화강암: 화강암은 단단하고 화학 변화에 강한 편이다. 또 우리나라에서 많이 산출되기 때문에 주변에서 쉽게 구할 수 있고, 큰 덩어리 상태로 산출되기 때문에 특정한 모양으로 가공하기가 쉽다. 주로 축대, 제방, 건물 벽이나 바닥 장식재 등 건축용으로 이용된다.

2) 대리암: 광물이 치밀하게 결합되어 있으며, 가공이 쉽다. 또 아름다운 색깔과 무늬를 가지고 있어 조각 재료로도 쓰인다.

그러나 산성비 등에 의해 쉽게 부식되기 때문에 건물의 외장재로는 부적당하다.

3) **사암**: 조직이 치밀하고 가공이 쉽다. 장식재로 사용되며, 숫돌의 재료가 되기도 한다.

4) **석회암**: 탄산칼슘이 주성분으로, 점토와 섞어 시멘트의 원료로 이용되고 있다.

5) **현무암**: 단단하고 열에 강하며, 돌하르방 등 조각품의 재료로 쓰인다. 구멍이 많은 경우에는 닳으면서 계속해서 날카로운 면이 생기기 때문에 곡식을 가는 맷돌의 재료로 이용되기도 한다.

풍화에 관한 사건

사막 인명 구조 사건

사막 모래에 빠졌을 때 어떻게 해야 빠져 나올 수 있을까요?

사건속으로

과학공화국 북부에는 와이드샌드라는 이름의 대형 사막이 있다. 사막이 어찌나 넓은지 사람이 서 있어도 점으로밖에 안 보일 정도였다. 많은 사람들이 와일드샌드 횡단에 나섰지만 함께 가서는 홀로 돌아오는 경우도 너무 많았다. 일행을 놓치는 경우는 허다했으며 모래에 빠져 숨지는 일도 많았다.

"이번에도 한 사람이 못 돌아왔다죠."

"그쪽은 가지 않는 편이 사는 길인데, 사람들도 참. 꼭 그런 데는 정복 욕심을 앞세워서 가더라고요."

실종자와 사망자가 많아지자 정부에서는 사막 여행을 안전하게 책임질 사막 구조대를 두기로 했다. 119 구조대원 중에서도 뛰어난 대원들을 사막 구조대원으로 뽑아서 사막으로 보냈다. 사막 구조대장은 그 동안 화재 진압으로 잔뼈가 굵은 김불 대장이었다. 김불 대장의 지휘 아래 이들은 발령이 나자마자 와이드샌드에 텐트를 치고 항시 출동 대기를 하고 있었다.

그러던 어느 날, 남들과는 조금 다른 신혼 여행을 즐기려는 김모험 씨와 나도가 양은 신혼 여행으로 와일드샌드를 횡단하기로 했다. 많은 사람들이 말렸지만 이 커플의 고집도 만만치 않았다.

"굳이 그 위험한 곳으로 신혼 여행을 가야겠니?"

"이번에 특별 구조요원들도 파견되었다고 하고, 우린 또 함께 가니까 위험하지 않을 거예요. 걱정 마세요."

결국 두 사람은 주변 사람들의 걱정에도 불구하고 고집스럽게 와일드샌드로 신혼 여행을 오게 되었다. 와일드샌드에 도착한 그들은 고운 모래 위를 거닐면서 둘만의 아름다운 추억을 남기고 있었다.

"쟈기~~ 나 잡아 봐라!!"

"너무 빨리 달리지마, 우리 허니, 그럼 내 발길이 못따라 잡잖아."

"나 잡아 봐요~~."

두 사람은 한동안 사막 위의 로맨틱을 펼치다가 나란히 어깨동무를 하고 걷기 시작했다. 함께 사막의 모래 바람을 헤쳐 나가면서

앞으로 자신들의 삶에 닥칠지도 모르는 온갖 풍파를 헤쳐 나가고
자 결심을 다졌다.

"우리, 앞으로 어떤 일이 있어도 서로 위하면서 그렇게 평생 행
복하게 잘 살자."

"응, 내겐 울 쟈기만 있으면 돼. 딴 여자한테 눈길 주지나 마."

"이렇게 이쁜 울 허니를 두고 내가 어디 딴눈을 팔겠어. 사랑햐!"

사람들의 우려와는 달리 두 사람의 사막 횡단은 평화롭고 순조
로웠다. 이제 마지막 코스만 넘기면 두 사람은 사막 횡단 신혼 여
행을 한 최초의 부부로 남게 되었다.

여행 마지막 날, 두 사람은 지친 몸을 이끌고 사막의 마지막 지
점을 지나갔다. 긴 여행의 끝이라 그런지 두 사람도 많이 지쳐 있
었다. 두 사람이 길을 나서고 얼마 지나지 않아서였다.

"으악! 살려 줘!"

김모험 씨가 신발 끈을 묶고 있던 그 순간에 나도가 양의 비명
소리가 들렸다. 신발 끈을 묶느라고 뒤처져 있던 김모험 씨가 있는
곳은 나도가 양을 돕기에는 먼 거리였다. 나도가 양의 몸은 모래
속으로 점점 파묻혀 가고 있었다.

그 때 마침 순찰 중이던 사막 구조대가 나도가 양을 발견하고 출
동했다.

"몸을 꼿꼿이 세우고 이 줄을 잡아요."

김불 대장이 소리쳤다. 나도가 양이 몸을 꼿꼿이 세우자 몸은 점

점 더 빠른 속도로 모래 속으로 들어갔다. 다행히 여러 사람들이 힘을 합쳐 나도가 양을 구출했다. 하지만 나도가 양은 모래 속에 얼굴이 잠겨 모래가 배로 들어가는 바람에 심한 구토 증상을 일으켰다.

신혼 여행을 마친 김모험 씨는 아무래도 몸을 꼿꼿이 세우라고 한 김불 대장의 말이 신경 쓰였다. 과연 사막 구조대가 제대로 구조 활동을 한 것인지 계속 의심이 생겼다. 고민하던 김모험 씨는 결국 이 문제를 조사해 달라며 지구법정에 의뢰했다.

사막 모래는 강가의 모래와는 달리 지름이 0.075밀리미터
정도로 매우 가늡니다. 따라서 공기와 만나면 모래 입자 사이에
공기가 채워지면서 마찰이 줄어들어 마치 액체처럼 작용하지요.

사막의 모래는 보통 모래와 어떻게
다를까요?
지구법정에서 알아봅시다.

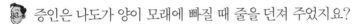

이번 재판은 김불 대장에 대한 청문회 성격
을 띠게 될 것 같습니다. 그럼 증인인 김불
대장을 모시고 두 변호사가 질문을 하기 바
랍니다. 먼저 지치 변호사.

증인은 나도가 양이 모래에 빠질 때 줄을 던져 주었지요?

네.

그런데 혼자 힘으로 잡아당기니까 잘 끌려 올라오지 않아 여
러 명이 힘을 합쳐서 잡아 당겼지요?

네.

그럼 최선을 다한 것입니다. 모래에 빠지는 속도는 나도가 양
의 몸무게와 관계 있습니다. 나도가 양이 몸집이 나가는 편이
니까 점점 빠르게 빨려 들어간 걸 왜 구조대장이 책임을 져야
합니까? 그건 말이 안 되죠. 저는 구조대장이 자신의 할 일을
제대로 수행했다고 생각합니다.

그럼 어쓰 변호사 질문하세요.

증인은 사막 구조가 이번이 처음이죠?

네. 저는 주로 불만 껐지요.

그럼 사막에 대해 좀 아시는 게 있습니까?

사막에는 모래가 많다. 이 정도죠.

왜 모래가 생기죠?

글쎄요.

사막에 모래가 생기는 이유는 풍화 작용으로 돌들이 작게 부서지기 때문입니다. 특히 사막의 모래는 강가의 모래와는 달리 지름이 0.075밀리미터 정도로 아주 가는 모래입니다. 이런 가는 모래가 공기를 만나면 모래 입자 사이에 공기가 채워지면서 마찰이 줄어들어 액체처럼 행동하지요.

그런가요? 처음 알았습니다.

그러니까 모래에 빨려 들어갈 때는 고체 상태가 아니라 물에 빠진 것처럼 양 팔을 펼치고 머리를 뒤로 젖혀 배영을 하는 것 같은 자세를 취해야 합니다. 그래야 모래에 덜 빨려 들어가지요. 그런데 대장은 나도가 양에게 몸을 꼿꼿이 세우라고 했으니 잘못된 구조를 한 것입니다.

우리나라에도 사막이 있다?

정확히 말하면 우리나라에 사막이 있는 것은 아닙니다. 하지만 충남 태안군 신두리에 약 만오천 년 전부터 바람에 실려 온 모래가 쌓여 만들어진 신두리 사구(모래언덕)는 천연기념물 431호로 지정되어 있습니다. 신두리 사구는 길이 3.4킬로미터, 너비 0.5~1.3킬로미터의 상당히 큰 규모를 자랑하며 금개구리, 표범장지뱀, 갯메꽃 등 보존 가치가 높은 희귀 동·식물들이 서식하기도 합니다.

판결합니다. 김불 대장이 사막 모래의 특징에 대해 잘 알았다면 나도가 양이 모래를 먹는 일은 없었을 것이라 생각합니다. 그러므로 이번 구조는 완벽했다고 말할 수 없습니다. 하지만 사막에 대한 교육을 시키지 않고 사막 구조대를 급조한 것은 정부이니 김불 대장에게 책임이 있다고 볼 수 없습니다.

재판이 끝난 후 김불 대장은 사막에 대한 공부를 시키는 연수를 받았다. 그 결과 그는 사막과 모래의 권위자가 되어, 그 후 김불 대장의 사막 구조대는 많은 인명을 구조했다.

물이 안 빠지는 야구장

야구장의 바닥은 어떻게 만들어야 할까요?

사건속으로

과학공화국에 다시 야구 시즌이 들어왔다. 베이스
시티에 신생 팀인 베이스도라스 팀이 생기면서 야
구에 대한 사람들의 관심은 더 높아졌다. 베이스시
티 사람들은 자신의 팀이 우승하기를 기원했다.

하지만 베이스도라스 팀에게는 아직 변변한 전용 연습 구장이 없
었다. 베이스도라스 팀은 구장 건설을 맡은 얼렁얼렁 회사에게 하
루 빨리 공사를 마쳐 달라고 요구했고, 회사 측에서도 팀에 대한 기
대가 큰지라 구장 건설에 총력을 다 하였다. 곧 구장이 들어서고,
베이스도라스 팀은 시즌 첫 게임을 전용 구장에서 벌일 수 있었다.

4만 명을 수용할 수 있는 베이스도라스의 전용 구장은 현대적인 건축 방식으로 지어졌다. 많은 공을 들인 건축물인 것이 한눈에도 보였다. 모든 좌석들은 120도 회전되는 의자였다. 편안한 좌석 덕분에 관중들은 충분히 휴식을 취하면서 팀을 응원할 수 있었다.

"역시 베이스도라스 팀에 대한 기대가 큰가 봐. 장난 아닌데."

"옹, 이거 완전 좋은 구장이다."

"우와~~ 빛이 반짝반짝 나는 것 같아."

구장에 들어선 사람들 사이에서 감탄이 한마디씩 오고 갔다.

드디어 경기가 시작되었다. 시즌 첫 경기는 작년 우승팀인 사이언스라이온스와의 대결이었다. 베이스도라스는 데뷔 팀 치고는 노련한 경기 운영을 하여 9회초까지 0:0으로 팽팽히 맞섰다. 이제 9회말 라이온스의 공격만 무실점으로 막으면 연장전으로 넘어가게 되어 있었다.

"역시, 베이스도라스 팀이야. 어쩜 작년 우승팀을 만나서도 한 치의 물러섬이 없는 경기를 펼치니!"

"대단해, 신생 팀이라 걱정이 없지 않았는데, 이번 시즌 경기 흥분 백 배야."

두 팀의 실력이 워낙 팽팽해서 경기를 지켜보는 관중은 긴장의 끈을 놓을 수가 없었다. 9회말이 시작되자마자 엄청난 폭우가 쏟아지고 운동장에는 금방 50센티미터까지 물이 차올랐다.

"이렇게 폭우가 쏟아져서야 경기가 계속될 수 있을까?"

"그래도 9회말인데, 여기서 경기를 중지시키기엔 좀 그렇지 않을까?"

예상치 못한 폭우에 관중들도 웅성거렸다. 비만 내리는 것이 아니라 거센 바람까지 불었다. 비바람이 거세지자 사람들도 이 상황에서 경기는 무리라고 생각하기 시작했다. 하지만 예상 밖에도 심판은 경기를 강행시켰다.

경기가 시작되고 라이온스의 4번 타자 때리스가 친 공이 중견수 앞에 떨어졌다. 평상시 같으면 일루타 정도 되는 공이었지만 물에 빠진 공은 어디에 있는지 보이지 않았다. 도라스의 중견수 미승스 선수가 물속에 잠수해 공을 찾아보았지만 공은 쉽사리 찾을 수 없었다. 그 사이에 때리스 선수는 3루를 돌아 홈인! 결국 라이온스의 1:0 승리로 경기가 끝이 났다.

허무하게 패배를 안은 도라스 팀은 도무지 결과를 용납할 수가 없었다. 결국 경기 후 도라스 팀의 구단주는 경기장 건설이 잘못되어 물이 빠지지 않았기 때문에 경기에 졌다며 건설 회사를 지구법정에 고소했다.

야구장은 배수를 위해 잘게 부순 돌이나 자갈들로 지반을
덮어 주어야 합니다. 그러면 삼투압에 의해 땅 위의 물이
땅속으로 잘 스며들어 경기장에 물이 고이지 않게 됩니다.

야구장의 물은 왜 잘 빠질까요?
지구법정에서 알아봅시다.

🙂 재판을 시작합니다. 먼저 피고측 변론하세요.

😊 지난 도라스와 라이온스의 개막전 때 내린 비는 베이스시티가 생긴 이래 최고의 강우량이었습니다. 이런 걸 천재지변이라고 하지요. 이런 상황에서 경기를 계속 진행시킨 심판에게 책임을 물어야지 왜 야구장을 만든 사람에게 책임을 묻는 겁니까? 아마 이 세상의 어떤 구장도 그런 비에 경기를 할 수 있는 곳은 없을 겁니다. 그러므로 피고인 얼렁얼렁 건설사는 이번 사건에 대해 책임이 없다는 것이 저의 의견입니다.

🙂 원고측 변론하세요.

😎 배수 연구소의 잘흘러 소장을 증인으로 요청합니다.

기름이 좔좔 흐르는 긴 머리를 가진 30대의 멋쟁이 사내가 증인석에 앉았다.

😊 증인이 하는 일은 뭐죠?

배수에 대한 연구를 하고 있습니다.

배수가 뭐죠?

물이 빠져나가는 거죠.

그럼 야구장의 배수를 위해 특별한 유의 사항이 있나요?

야구장은 배수를 위해 잘게 부순 돌이나 자갈들로 지반을 덮어 주어야 합니다.

그건 왜죠?

그러면 삼투압에 의해 땅위의 물이 땅속으로 잘 스며들어 경기장에 물이 고이지 않으니까요.

그렇군요. 그럼 이번처럼 공이 물에 잠기는 사태는 생기지 않겠군요.

그렇습니다. 야구장의 바닥은 보통 3층으로 설계하지요.

어떻게요?

표층, 중층, 하층으로 나누는데, 표층은 모래나 잘게 부순 자갈로 되어 있어 물이 잘 스며들게 하고, 그 밑의 중층은 자갈이나 잘게 부순 돌로 충격을 완화하는 역할을 하고, 그 밑에 하층은 좀 더 큰 돌을 깔아 지하수가 위로 올라오는 것을 막아 주지요.

보통 땅과 다르군요.

네. 좀 더 신경 써야지요.

그렇다면 부실 공사라는 것이 명백해진 만큼 이번 사건에 대해 얼렁얼렁 건설사에 책임을 물을 것을 주장합니다.

판결합니다. 건설을 할 때는 돌의 크기와 특성에 따라 알맞게 사용해야 한다는 것을 알게 되었습니다. 그러므로 얼렁얼렁 건설은 원고측 증인과 힘을 합쳐 야구장 바닥을 다시 공사할 의무가 있다고 판결합니다.

재판 후 얼렁얼렁 건설은 베이스 경기장 바닥을 재공사했다. 물론 공사의 설계 및 지휘는 잘흘러 소장이 맡았다. 그 후 승승장구를 한 베이스도라스 팀은 데뷔 첫해에 프로야구 챔피언에 올랐다.

나무 때문에 갈라진 암석

커다란 암석이 고작 나무 한 그루 때문에 꼼짝하지 못한다고요?

암석 수집가인 김탄탄 씨는 전국을 돌아다니면서 남들이 잘 모르는 암석을 모으고 있다. 그의 집에는 그 동안 모은 암석들이 마당에 가득 펼쳐져 있어 살아 있는 암석 박물관으로 통한다.

"이 아름다운 암석들을 봐!! 아이고 예쁜 녀석들. 좋아, 완전 좋다고!!"

하루에도 몇 번이고 김탄탄 씨는 마당에 있는 잘 빠진 암석들을 보며 애지중지 매만지곤 했다.

그러던 어느 날 김탄탄 씨의 집에 전화가 한 통 걸려 왔다.

"여긴 헤이트시티인데요. 집채만 한 바위 하나가 산 정상에서 흔들거리더니 바닥으로 굴러 떨어졌어요. 그 바위를 가져가시려면 가져가세요."

"오 마이 갓, 정말 집채만 하다고요?"

"이 사람이 속고만 살았나? 거저 준다는데도 마다하시는 건가요?"

"그럴 리가요, 근데 좀 이상해서요."

"그럼 걍 두시든가요."

김탄탄 씨가 그럴 법도 한 것이, 그 동안 모은 암석 중에서 집채만큼 커다란 암석은 없었다. 가장 크다고 해 봤자 2~3미터 정도에 불과했기 때문이었다.

김탄탄 씨는 당장 헤이트시티로 달려가 거대한 기중기로 돌을 들어 올려 트럭에 싣고 집으로 가지고 왔다. 그 암석이 집에 들어온 이후 다른 암석들은 자갈처럼 보이기 시작했다.

"저 큰 암석 때문에 다른 암석들이 설 자리가 없네. 이를 어쩜 좋담."

거대한 암석을 어디에 보관할까 고민하던 김탄탄 씨는 이 암석을 집 앞에 있는 땅속에 묻기로 했다.

그리고 얼마 후 암석을 묻어 두었던 땅에 이웃에 사는 한푸름 씨가 커다란 나무를 심었다. 김탄탄 씨는 나무를 대수롭지 않게 여겼다.

시간이 흘러 김탄탄 씨는 자신의 거대한 암석을 세상에 공개하기로 결심했다.

"분명 이렇게 큰 암석은 보기 드문 것이야. 이젠 이 암석을 학회에 내놓아도 되겠어."

결심이 선 김탄탄 씨는 기자들을 모이게 한 뒤 땅을 파서 암석을 보여 주었다.

"암석계의 왕 김탄탄입니다. 여러분 아시다시피 저는 온갖 진귀한 암석을 다 가지고 있습니다. 이젠 때가 된 것 같군요. 제가 오랫동안 묵혀 두었던 지상 최대 암석입니다."

김탄탄 씨는 자신만만하게 암석이 묻힌 땅을 팠다. 그런데 놀랍게도 거대한 바위는 온데간데없고, 작은 암석들 여러 개만 묻혀 있었다.

"김탄탄 씨, 거대 암석이 어디 있단 겁니까?"

"아니, 분명 여기 있었는데 말입니다. 잠시만 기다려 주세요."

김탄탄 씨는 자신의 눈을 믿을 수 없어 마당 구석구석을 다시 파보기 시작했다. 하지만 작은 돌덩이들 외엔 어떤 것도 발견되지 않았다.

"이럴 리가 없는데."

기자들이 웅성거리더니 하나 둘씩 자리를 뜨기 시작했다. 다음 날 신문에 난 기사를 보고 김탄탄 씨는 눈앞이 깜깜해졌다.

'이건 기자들을 부르지 않은 것만 못하게 되었네.'

기자들 일도 기자들 일이었지만 김탄탄 씨는 큰 암석이 어디로 갔을까 골똘히 생각하기 시작했다.

'그 큰 암석이 대체 어디로 갔단 말이지?'

마침내 김탄탄 씨는 이것이 모두 나무를 심은 한푸름 씨 때문일 것이라고 생각하고 그를 지구법정에 고소했다.

암석이 풍화되는 요인에는 여러 가지가 있습니다. 갈라진 암석의 틈으로 물이 고이고 얼면 부피가 커지기 때문에 틈이 더 벌어지게 되지요. 또 암석이 이산화탄소가 녹아 있는 물을 만나면 암석을 이루는 광물들이 녹지요. 나무뿌리가 자라면서 땅속의 암석들에 충격을 주어 풍화되기도 합니다.

**나무와 풍화는 어떤 관계가
있을까요?**
지구법정에서 알아봅시다.

재판을 시작합니다. 먼저 피고측 변론하
세요.

암석은 땅속에 있었고 나무는 땅위에 있는
데, 나무 때문에 암석이 갈라지기라도 한단 말입니까? 그냥
땅속에서 어떤 충격을 받아 암석이 여러 조각으로 갈라진 거
겠지요. 아무튼 김탄탄 씨는 나무가 암석을 갈라 놓았다는 증
거를 가지고 있지 않으므로 이 사건에 대해 한푸름 씨의 책임
은 없다고 생각합니다.

원고측 변론하세요.

풍화 연구소 소장 이바람 씨를 증인으로 요청합니다.

훤칠한 키에 단정한 용모를 가진 30대의 남자가 증인석에
앉았다.

증인이 하는 일은 뭐죠?

저는 풍화에 대한 연구를 하고 있습니다.

풍화가 뭐죠?

암석이 잘게 부서지는 것을 말합니다.

그럼 풍화의 원인은 뭐죠?

여러 가지 원인이 있습니다. 변호사님, 콜라병을 냉동실에 넣으면 어떻게 되지요?

그야 터져 버리죠.

왜 터지죠?

그야 물이 얼면 부피가 커지고 병이 이것을 버티지 못하니까 터지는 거죠.

마찬가지입니다. 암석이 갈라진 틈 사이로 물이 고이고, 겨울이 와서 물이 얼면 부피가 커지므로 갈라진 틈이 더 벌어집니다. 그러면 암석이 버티지 못해 갈라지게 되지요.

다른 원인은요?

콜라나 사이다처럼 이산화탄소가 녹아 있는 물이 암석을 만나면 암석을 이루는 광물들이 녹지요. 이렇게 암석이 부서져서 풍화가 일어날 수도 있어요.

그 밖에는요?

나무뿌리가 자라면서 땅속의 암석들에 충격을 줄 수 있지요. 그래서 암석이 잘게 부서질 수도 있어요.

바로 그거군요. 그렇다면 이번 사건은 한푸름 씨가 심은 나무가 김탄탄 씨의 암석에 풍화를 일으킨 것으로 보아야 한다는

> **풍화 작용**
>
> 풍화란 암석이 지표에 드러나 공기와 물, 동·식물에 의한 화학적, 물리적 작용을 거쳐 토양으로 변해가는 과정을 말합니다. 이러한 풍화 작용은 물질의 분자나 원자, 이온의 구조가 바뀌어 다른 물질로 변화되어 일어나는 화학적 풍화와 물질의 성분 변화 없이 상태만 변화되는 물리적 풍화가 있습니다.

것이 저의 의견입니다.

나무뿌리가 암석을 갈라지게 할 수 있다는 원고측 증인의 증언에 따라 이번 사건은 한푸름 씨의 나무가 김탄탄 씨의 암석을 갈라지게 한 것으로 결론을 맺겠습니다.

사라진 종유석

종유석이 콜라를 무서워하는 이유는 뭘까요?

사건속으로

과학공화국 남부에 있는 사우스시티에서 세계 최대 규모의 석회 동굴이 발견되었다. 석회 동굴은 종유석, 석순, 석주들로 이루 말할 수 없이 멋진 경관을 지니고 있었다. 사람들은 저마다 석회 동굴이 사우스시티에 있다는 것만으로도 엄청난 자부심을 갖게 됐다.

"석회 동굴이 우리 도시에 있단 것은 축복이에요."

"자연의 힘이란 정말 놀랍지 않아요? 원더풀!"

"이건 신이 주신 선물인 거죠."

사우스시티 사람들은 이 동굴을 이용하여 관광객을 유치할 계획을 세워 실행에 들어갔다. 얼마 지나지 않아 동굴에는 매표소가 생기고 전국적인 광고도 시작했다. 석회 동굴에 대한 궁금증을 품은 사람들이 줄을 지어 방문하기 시작했다.

"오우! 판타스틱한 모습이에요. 돌이 아니라 커튼을 걸어 놓은 것 같아요."

"어쩜, 신의 손이 닿은 곳 같군요. 돌이 어떻게 이런 모습일 수 있죠!!"

"돌이 그냥 돌이 아니군요. 예사가 아니에요. 돌이 나보다 더 아름다우면 어쩌잔 말인지 정말."

석회 동굴은 정말 돌로 된 왕국 같은 모습이었다. 돌의 모습뿐만 아니라 그 빛깔에서도 입이 쩍 벌어질 정도로 아름다운 빛이 났다. 석회암이 천장에서부터 흘러내려 커튼처럼 드리워진 모습에 관광객들의 입에서는 탄성이 터져 나왔다.

그런데 며칠 후, 초등학생과 인솔 교사로 이루어진 50여 명의 단체 관광객이 동굴을 찾았다. 아이들은 모두 한 손에 커다란 콜라를 들고 있었다. 아이들은 석회 동굴의 아름다움보다는 동굴 속에서 어떻게 장난을 칠 것인가를 궁리하는 표정이었다.

"으아아~~ 귀신이당~~."

"우아아~~ 여기 봐라!!"

동굴 속에서 울리는 소리가 초등학생들에게는 동굴보다 더 재미있어 보였다. 아이들은 한동안 동굴의 울림에 귀신 놀이를 했다.

그러던 중 한 아이가 귀신놀이도 싫증이 났는지 갑자기 들고 있던 콜라를 동굴에 뿌렸다. 그러자 다른 아이들도 재미있는 듯 콜라를 뿌려 대기 시작했다. 어느 새 온 동굴이 콜라 냄새로 진동했고, 콜라 거품도 만만치 않게 일어났다. 놀란 선생님이 아이들을 야단쳤지만 한 번 발동한 아이들의 장난기는 쉬 멈추려 하지 않았다. 겨우 아이들을 돌려보낸 후에야 동굴 관리자들이 정리를 끝내고 퇴근을 했다.

하지만 다음날, 관리자들은 동굴에서 어처구니없는 일을 발견하고 말았다. 동굴의 일부 종유석들이 녹아 흘러내렸던 것이다. 동굴은 더 이상 그 전의 멋있는 모습이 아니었다.

"이게 어떻게 된 일이야? 어떻게 동굴이 하루 사이에 이렇게 밋밋해질 수 있는 거지?"

"동굴이 흘러내리고 있나 봐."

"도대체 뭐가 문제인 거야?"

갑자기 변해 버린 동굴의 모습에 시에서도 당황했다. 더 이상 관광객을 받을 수도 없을 지경이 되어 시에서는 동굴을 폐쇄하게 됐다. 어떻게 하여 이런 일이 생겼는지 회의를 하던 시에서는 이 책임이 아이들의 콜라 때문인 것 같다며 아이들의 인솔 교사를 지구법정에 고소했다.

콜라와 같은 이산화탄소가 녹아 있는 음료수는
산성인 탄산이 되어 석회암을 녹이게 됩니다.

콜라와 종유석은 어떤 관계가
있을까요?
지구법정에서 알아봅시다.

 재판을 시작합니다. 먼저 피고측 변론하
세요.

아이들이 견학을 하다 보면 음료수도 마
실 수 있고, 한참 장난기 있는 아이들이 음료수를 흘릴 수도
있는 건데, 뭘 그걸 가지고 재판까지 해야 하는 지…… 나 원
참…….

나 원 참, 저걸 변론이라고 하다니…… 이젠 익숙해져서 할
말도 없군! 원고측 변론하세요.

석회암 연구소의 강유석 박사를 증인으로 요청합니다.

청바지에 티셔츠를 걸쳐 입은 20대 후반의 남자가 증인석
에 앉았다.

증인이 하는 일은 뭐죠?

석회암 지형에 대한 연구를 하고 있습니다.

석회 동굴은 어떻게 생기는 거죠?

지하수 때문에 만들어집니다.

그럼 어떤 성질을 갖고 있죠?

석회암은 이산화탄소에 잘 녹는 성질이 있습니다.

그게 무슨 말이죠?

지하수에는 이산화탄소가 녹아 있거든요. 그것이 석회암을 녹여 흘러내리게 하여 동굴을 만드는 거죠. 이렇게 만들어진 동굴이 석회 동굴이고요.

석회 동굴에는 뭐가 있지요?

종유석, 석순, 석주 등이 있지요.

그 차이는 뭔가요?

고드름처럼 위에 매달린 걸 종유석이라고 하고, 바닥에 죽순처럼 솟아 올라온 것을 석순이라고 하고, 종유석과 석순이 붙어 기둥처럼 된 것을 석주라고 합니다.

그럼 본론으로 들어가서 콜라가 석회 동굴을 훼손시킬 수 있습니까?

물론입니다.

그 이유는 뭐죠?

콜라는 탄산 음료입니다. 즉 이산화탄소가 용해되어 있는 음료수죠. 그러니까 콜라 속의 이산화탄소와 석회 동굴의 석회암이 반응하여 석회암이 녹아 흘러내리게 할 수 있습니다. 그러면 원래의 모양과 달라질 수 있지요.

아하! 그럼 50명 어린이들의 콜라가 석회 동굴 훼손의 결정적

인 원인이 되는군요.

그렇게 볼 수 있습니다.

판사님. 이상으로 변론을 마칩니다.

판결합니다. 콜라와 같은 이산화탄소를 지니고 있는 음료수가 석회암을 녹아 흘러내리게 하여 동굴을 훼손시킬 수 있다는 점이 인정됩니다. 그러므로 아이들에게 그런 주의 사항을 전달하지 않은 인솔 교사에게 책임을 묻지만, 동시에 콜라와 같은 탄산 음료를 들고 입장하는 것을 막지 못한 동굴 담당자 측에도 책임을 묻겠습니다. 즉 이번 사건에 대해 원고와 피고 모두에게 과실이 있습니다.

신비의 돌 사건

변성암의 무늬에 숨겨진 비밀은 뭘까요?

과학공화국에는 유명한 두 개의 박물관이 있다. 퇴적암 박물관과 변성암 박물관이다. 처음 퇴적암 박물관을 설립하자는 의견이 나왔을 때는 사람들의 반대가 엄청났다.

"사방이 돌 천진데, 그걸 굳이 박물관으로 해야 하냐고요?"

"관광객 유치를 위해서라는데, 글쎄 돌을 보자고 올 사람들이 얼마나 될는지."

이렇게 말 많게 시작된 퇴적암 박물관이었지만 의외로 인기를 끌게 되었다. 그 때까지 과학공화국 내에는 변변한 박물관이 없었던 것이었다.

"기발한 발상 같아요. 어떻게 퇴적암 박물관을 만들 생각을 했는지."

"살아 있는 역사의 현장이 되지 않겠어요? 원래 돌이라는 게 세월을 담고 있으니까요."

"한번 가 봐요. 배울 것이 많을 것 같아요."

이렇게 한 사람 두 사람이 다녀가더니 곧 입소문이 나면서 줄줄이 사람들이 모여들기 시작했다. 퇴적암 박물관을 다녀 간 사람들은 우선 그 규모에 놀라고 두 번째로는 내용에 다시 한 번 놀라곤 했다.

"우아~ 이렇게 으리으리할 줄은 몰랐어."

"아이들 공부에도 도움이 많이 되겠어."

"그래, 구성이 아주 탄탄하네. 각 암석마다 설명이 어찌나 자상하게 잘 되어 있는지 감동이었어."

이렇게 사람들의 칭찬이 자자하자 퇴적암 박물관은 매스컴까지 타게 되었다.

"논란이 되었던 퇴적암 박물관에 사람들의 발길이 끊이지 않고 있습니다. 설립 전 주민들의 반대에 부딪혀 제대로 완공이 될까 염려됐던 박물관은 기대보다 탄탄하게 설립된 것으로 알려져 있습니다. 박물관 건물은 유명한 건축가가 관람객들의 편의를 고려하여 아주 내실 있게 지었습니다. 전시 내용도 퇴적암 학회의 조언을 얻어 아주 알차다는 게 관람객들의 평입니다."

처음에는 반대했던 주민들도 이제는 퇴적암 박물관을 애지중지하게 되었다.

"우리 도시의 자랑이 될 만해. 이젠 우리들이 나서서 이 퇴적암 박물관을 잘 살펴야겠군."

이렇게 퇴적암 박물관이 예상 외의 인기를 끌자 옆 도시에서 변성암 박물관을 짓겠다고 했다.

"우리라고 못할 게 있겠어요?"

"우리 도시엔 변성암이 많으니깐, 우리도 서둘러서 건물을 세우고 손님들을 끌어 봅시다."

"퇴적암 박물관과는 비교도 안 되는 박물관을 세웁시다."

이렇게 해서 옆 마을에서 변성암 박물관 시공에 들어갔다. 하지만 박물관 건립은 생각보다 오래 걸렸다. 철저한 자료 조사를 하자니 상당한 시간이 필요했던 것이다. 의외로 진행이 잘 되지 않자 변성암 박물관 쪽에서는 우선 건물만이라도 지어 놓고 문을 열기로 했다. 마음이 너무 앞선 나머지 전시물이 아직 반도 채워지지 않았음에도 불구하고 개관을 서두른 것이다.

그렇게 해서 변성암 박물관이 문을 열자 사람들이 몰려들기 시작했다. 적극적인 광고도 있었지만, 퇴적암 박물관에 감동을 받은 경험이 있는 사람들의 은근한 기대도 있었다. 하지만 준비가 되지 않았던 변성암 박물관에 대한 사람들의 평은 좋지 않았다.

"이게 뭐야? 건물만 잘 지어 놓는다고 되는 건가?"

"그러게, 이건 굳이 박물관을 지어야 할 필요가 없는 것이었잖아?"

"퇴적암 박물관처럼 상당히 기대했는데, 다시 와 볼 필요도 없겠어."

사람들은 다시는 찾지 않겠다고 투덜거리며 발길을 돌렸다. 퇴적암 박물관에서도 변성암 박물관을 찾았다.

"이거, 내용은 하나도 없는 껍데기잖아."

"제대로 준비도 안 한 채 박물관을 열었으니 사람들이 외면을 하지."

"우리한테는 상대도 안 되겠어. 괜한 시간 낭비 말고 갑시다."

엉성하기 짝이 없는 변성암 박물관은 문을 연 지 얼마 되지도 않아서 문을 닫을 위기를 맞았다. 그런데 그 즈음 신비의 돌이라고 알려진 돌멩이가 발견이 되었다. 그 돌은 줄무늬가 있었다. 이 소식을 들은 변성암 박물관에서는 두 눈이 번쩍 뜨였다.

"그래, 이 돌을 계기로 우리 변성암 박물관도 다시 일어서 보는 거야!"

하지만 변성암 박물관의 생각과는 달리 퇴적암 박물관 쪽에서는 이 돌은 퇴적암이라면서 퇴적암 박물관에서 보관해야 한다고 주장했다. 이렇게 서로의 주장이 팽팽해지자 두 박물관에서는 이 문제를 법정으로 가져가기로 했다.

변성암이란 퇴적암이 높은 온도와 압력을 받아
암석을 구성하는 광물들의 성질이나 조직이 변하여
만들어진 암석을 말합니다.

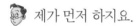
퇴적암과 변성암은 어떻게 구별할까요?
지구법정에서 알아봅시다.

🎖️ 재판을 시작합니다. 두 변호사는 지금 문제가 되고 있는 신비의 돌에 대한 연구를 했지요? 그럼 누가 먼저 변론할 겁니까?

😀 제가 먼저 하지요.

😀 그러세요.

😀 돌이면 다 돌이지, 퇴점암인지 변성암인지가 뭐가 중요합니까? 저는 오히려 이참에 퇴적암 학회와 변성암 학회가 통합하여 돌멩이 학회를 만들 것을 권합니다.

🎖️ 지치 변호사는 퇴적암과 변성암의 차이를 알아요?

😀 제가 가진 사전에는 안 나와 있던데요.

🎖️ 어이구. 그럼 어쓰 변호사 변론하세요.

😀 우리는 이 신비의 돌이 변성암인지 퇴적암인지를 국립 돌 연구소에 의뢰했습니다. 감정을 맡아 주신 김돌쇠 박사를 증인으로 요청합니다.

머리를 빡빡 민 40대의 남자가 증인석으로 걸어 들어왔다.

우선 퇴적암과 변성암은 뭘 말하는 거죠?

암석은 크게 화성암, 퇴적암, 변성암으로 나눌 수 있습니다. 화성암은 고온의 마그마가 지하 깊은 곳에서 천천히 식거나 지표로 흘러나온 용암이 급히 식어서 굳어진 암석입니다. 이와는 다르게 퇴적물이 굳어져서 만들어진 암석을 퇴적암이라고 하지요. 물의 흐름이 느린 바다나 강, 호수의 밑바닥에 진흙, 모래, 자갈 등의 퇴적물이 쌓인 후 굳어져서 만들어집니다. 그리고 지하 깊은 곳에 묻혀 있던 화성암이나 퇴적암이 높은 온도와 압력을 받아 암석을 구성하는 광물들의 성질이나 조직이 변하여 만들어진 암석이 바로 변성암입니다.

그럼 본론으로 들어가서 신비의 돌은 어떤 암석입니까?

변성암입니다.

어떻게 확신하시죠?

퇴적암에는 줄무늬 모양의 켜가 여러 겹으로 나타나는 층리가 있습니다. 층리의 줄무늬는 해수면과 평행한데 퇴적물들의 종류가 다르기 때문에 나타나지요. 반면에 변성암에는 편리라는 무늬가 있어요.

편리는 뭐죠?

변성암은 높은 압력을 받잖아요? 이 때 압력과 수직인 방향으로 광물들이 평행하게 배열되어 만들어진 무늬가 바로 편리에요.

그럼 신비의 돌에서 편리가 발견되었나요?

그렇습니다.

편리인지 층리인지 어떻게 확신하시죠?

암석이 변성되기 전에 포함하고 있는 광물 중 어두운 색을 띠는 광물이 있을 겁니다. 이러한 광물들이 압력을 받아 변성되는 과정에서 광물들은 눌리게 되겠지요? 이 때 어두운 색을 띠는 광물들도 눌리게 되겠죠?

물론이죠.

그 때 어두운 색을 띤 광물들이 나란하게, 즉 하나의 선 모양으로 보이게 되는데 신비의 돌에서는 바로 그 무늬가 관찰되었습니다.

명백하군요.

그럼 판결은 끝났네요. 신비의 돌은 변성암으로 결론 내립니다.

토양이 만들어지는 순서

동생 토양이 형 토양을 밀어낸다고요?

김토지 씨는 흙냄새를 무척 좋아한다. 하지만 토지 씨는 아스팔트가 깔린 도시에서 태어난 오리지널 도시인이다. 게다가 20층 아파트의 꼭대기에 살아서 토양을 밟고 지낼 기회가 드물다.

어린 시절 토지씨는 이런 질문을 한 적이 있다.

"엄마, 우리 집은 왜 하늘에 붕 떠있어요?"

"많은 사람들이 좁은 땅에 살려면 토지를 좀 더 효율적으로 이용할 수 있어야겠지?"

"음, 조금 어려운데."

"그러니깐, 이 손바닥이 땅이라고 하자. 이 손바닥 위에 백 개의 인형을 다 세울 순 없잖아."

"응, 한 다섯 개 정도는 가능하겠어."

어린 토지씨는 엄마의 설명을 차분하게 들었다.

"그런데 이 인형을 위로, 위로 올리면 더 많은 사람이 살 수 있겠지?"

"아, 그런 거구나. 그래서 우린 이렇게 공중에 붕붕 떠서 사는 거예요?"

"그래, 아파트를 올려서 더 많은 사람들이 살게 한 거야."

"에이, 그래도 난 땅에서 살고 싶어요. 높은 데서 사는 거 그냥 좀 불안해요."

토지씨는 땅을 밟는 기분도 느낄 수 없고, 아래층에서 방해될까 봐 맘대로 뛰지도 못하는 아파트가 갑갑했다. 그런 토지씨의 마음을 이해한 토지씨의 어머니는 흙을 밟아 볼 수 있는 기회를 자주 마련해 주곤 했다.

"토지야, 오늘은 우리 고구마 캐서 먹을 수 있는 강원도 체험 학습장으로 가 볼까?"

"우아~~! 거기, 흙 밟을 수 있는 곳이죠? 신난다. 엄마 최고! 5초 내로 준비하겠습니당~."

체험 학습장이 가까워지면 어린 토지씨의 마음은 한층 들떴다.

"엄마, 우리 너무 잘 왔어요. 여기 흙냄새 너무 좋아요. 이 색깔

좀 봐요!!"

이런 토지씨를 바라보는 부모님도 마음이 뿌듯했다.

"여보, 난 우리 아들이 자연을 사랑하고 땅을 사랑하는 사람이란 게 너무 감사한 거 있죠."

"그러게 말이오. 앞으로도 주말에 시간 날 때면 꼭꼭 야외로 나가서 좋은 흙냄새, 흙 느낌을 알려줍시다."

그렇게 살아 있는 자연 체험을 많이 해 온 토지씨는 대학을 갈 때 전공을 지질학으로 정했다. 어린 시절부터 좋아해 온 땅에 대한 연구를 좀 더 해 보고 싶단 욕심에서였다. 부모님께서도 무척 기뻐했다.

"녀석, 어린 시절부터 그렇게 흙냄새, 땅 기운을 좋아하더니 결국은 그쪽으로 가는구나."

대학에 들어간 토지씨는 누구보다 열심히 공부했다. 책에서 배우는 지식도 좋았지만, 탐사를 다니며 직접 살펴보는 것이 더 좋았다. 어린 시절부터 여기저기 많이 돌아다녀 본 토지씨인지라 학과에서도 탐사 지역을 정할 때면 꼭 토지씨에게 조언을 구했다.

"토지야, 이번엔 우리 어디로 갈까? 어디 토양이 볼 만하니?"

"지난번엔 암석을 보러 갔다 왔으니깐, 이번에는 아무래도 모래를 보러 가는 것이 좋지 않겠어?"

"모래를 본다면 어디로 가?"

"샌드시티 쪽으로 갔다가 오션시티까지 가 보자."

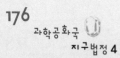

"그냥 한 군데만 가도 되지 않을까?"

"모래라고 해서 다 똑같은 모래가 아냐, 샌드시티와 오션시티의 모래는 확실한 차이가 있거든. 시간이 좀 걸리더라도 두 곳을 다 들러서 오는 것이 좋을 것 같아."

"그래? 토지가 그렇다면 가 봐야지, 뭐."

토지씨는 이런 식으로 답사를 이끌곤 했고, 친구들도 토지씨의 말이라면 고개를 끄덕였다.

그러던 어느 날 토양 학회에서 큰 이슈가 등장했다. 토양에 관해 서라면 하나도 놓치지 않는 토지씨의 귀에도 그 이슈는 들어갔다.

"토지! 들었어? 토양 학회에서 큰 문제가 났다던데?"

"응, 들었어. 수업 끝나고 학회에 한번 가 봐야겠어. 나 또 궁금 한 건 못 참잖아."

이미 마음은 학회로 가 수업도 듣는 둥 마는 둥하던 토지씨는 종 이 울리자마자 부리나케 학회로 달려갔다. 마침 학회가 시작되고 있었다.

"토양의 구조를 보면 가장 아래에 기반암, 그 위로 모질물, 다음 으로 심토, 마지막으로 표토로 이루어져 있습니다. 토양의 구조로 결론 내리건대 토양은 이 순서대로 만들어졌다고 봅니다."

"어? 저건 아닌데, 내가 알기론 그런 게 아닌데."

토지씨는 특히나 이 분야에 대해서라면 박사 뺨칠 정도로 많이 알고 있었다. 발표자가 말한 내용이 틀렸다는 확신이 있었던 토지

씨는 손을 들어 자신의 의견을 발표했다.

"제가 비록 학부생이긴 하지만, 지금 박사님께서 발표하신 것에 잘못된 점이 있는 것 같아서요."

"네, 말해 보세요."

"제가 알기론 토양은 기반암, 모질물, 표토층, 심토층의 순서로 만들어집니다."

하지만 학회에 참석한 대부분의 학자들은 토지씨의 말에 동의하지 않고 무시해 버렸다. 자신의 지식에 확신이 있었던 토지씨는 이 일을 법정에 의뢰하게 되었다.

토양의 생성 순서는 기반암→모질물→표토→심토이며,
토양의 구조는 아래쪽부터
기반암→모질물→심토→표토 순입니다.

심토는 왜 표토 아래에 있을까요?
지구법정에서 알아봅시다.

재판을 시작합니다. 먼저 피고측 변론하
세요.

토양의 구조가 가장 아래에 기반암, 그 위
로 모질물, 다음으로 심토, 마지막으로 표토로 이루어져 있다
면 당연히 토양이 만들어진 순서가 기반암, 모질물, 심토, 표
토의 순서지? 왜 갑자기 표토와 심토가 만들어진 순서가 바뀐
다는 건지. 모든 땅은 아래쪽이 쌓이고 그 다음 위에 흙이 덮
이는 거예요. 위부터 흙을 덮고 아래를 덮을 수는 없잖아요?
그러므로 원고측 의견은 무리가 있다고 생각합니다.

원고측 변론하세요.

토양 연구소의 최고땅 박사를 증인으로 요청합니다.

땅딸한 키의 50대 남자가 증인석으로 들어왔다.

증인이 하는 일은 뭐죠?

토양에 대한 연구를 하고 있습니다.

토양이 뭐죠?

암석이 오랜 세월에 걸쳐 풍화 작용을 받아 잘게 부서지면서 식물이 자랄 수 있는 흙으로 변한 것을 말합니다.

그럼 토양은 어떻게 만들어지죠?

처음 만들어지는 토양은 기반암입니다. 이것이 풍화하면 푸석푸석한 모질물이 되어 그 위에 쌓입니다.

모질물에는 식물이 자라나요?

유기물이나 양분이 거의 없기 때문에 식물이 자라지 못하지요.

그 다음은요?

모질물이 생긴 후 수십 년이 지나면 모질물 속에 미생물이 살게 되고, 이것이 공기 중의 질소와 결합하여 질소 화합물을 만듭니다. 그 결과 식물이 자랄 수 있는 표토가 만들어집니다.

그러니까 표토가 심토보다 먼저 만들어지는군요. 그런데 왜 토양의 구조를 보면 표토가 심토보다 위에 있지요?

표토에 부식물이 많아지고 표토가 두꺼워지면 토양 속에 스며든 물에 용해된 물질이나 성분 등이 아랫부분으로 내려와 표토와 모질물 사이에 심토가 생기기 때문이지요.

아하! 그런 거였군요.

판결은 간단합니다. 토양이 놓여 있는 순서와 토양이 만들어진 순서는 일치하지 않으므로 원고측의 주장이 옳습니다. 즉 토양의 생성 순서는 기반암→모질물→표토층→심토층이며,

토양의 구조는 아래쪽부터 기반암→모질물→심토→표토 순
임을 강조합니다.

신비로운 버섯 모양 바위

바위를 버섯 모양으로 깎아 놓은 사람은 대체 누구일까요?

사건속으로

과학공화국에 있는 샌드 왕국과 데저트 왕국은 서로 돕고 위하는 좋은 사이였다. 샌드 왕국에 큰 비바람이 몰아닥쳐 집이 다 날아가 버렸을 때도 데저트 왕국은 발을 벗고 나서 도와 주었다.

"이 은혜를 어떻게 갚죠? 집 잃고 막막했는데, 이렇게 도와 주시니 정말 감동입니다."

"다 돕고 사는 거죠. 지난 해에 우리가 물 부족에 시달릴 때 데저트 왕국에서 큰 도움을 주셨잖아요."

이렇게 서로 감사하고 고마워할 줄 아는 두 왕국의 사이였다.

그런데 뜻하지 않은 문제에 관련되면서 두 왕국의 사이가 예전 같지 않아졌다. 문제는 과학공화국의 북서쪽에 있는 거대한 사막이었다. 원래 이 사막은 따로 주인이 없었다. 국가 정책상 이 사막의 처분이 필요해져서, 위치상 가까운 샌드 왕국과 데저트 왕국에 이 사막을 넘기기로 한 것이다.

"두 왕국에서 이 사막을 관리해 주세요. 어떻게 관리할지는 두 왕국에서 알아서 결정하시면 됩니다."

그런데 이 사막이라는 곳에는 은근히 자원이 많았다. 그래서 사막이 두 왕국으로 넘어오는 순간부터 두 왕국의 눈빛이 사나워졌다.

"사막이 우리 쪽에 더 가까우니 우리가 소유하는 게 맞지 않을까요?"

"당연하죠. 그리고 이 사막은 국가에서 주기 전에도 거의 우리가 관리해 왔잖아요? 이제 와서 국가에서 지원해 준다니까 자기들이 가져간다는 건 말이 안 되죠."

데저트 왕국에서는 당연히 사막이 자신들의 소유가 되어야 된다고 생각하고 있었다. 반면 샌드 왕국의 분위기는 완전 반대였다.

"절대 뺏길 수 없어요. 정부에서 지원도 많이 해 준다는데, 이번엔 우리도 욕심을 좀 내어 봅시다."

"은근히 이 사막에 살고 있는 우리 왕국 사람들이 좀 되는 것 같아요. 그 사람들 수만 세어도 사막은 우리 소유가 될 거예요."

두 왕국 모두 한 치의 물러섬도 없었다. 한자리에 모여 의논을 해도 결론이 나지 않자, 두 왕국에서는 과학공화국 공무원을 불렀다. 하지만 공무원도 도무지 누구의 소유로 해야 하는지 쉽게 결론을 내지 못했다.

"그럼, 이렇게 하죠. 사막을 두 나라 공동 소유로 하는 걸로. 그게 공평하겠어요. 나누지 말고 공동으로 관리하고 소유하는 것으로 합니다."

공무원의 대답에 두 왕국 모두 수긍하지 못했다. 그러나 동의하지 않으면 사막은 완전히 엉뚱한 다른 왕국으로 넘어갈까 봐 하는 수 없이 공무원의 의견을 받아들였다. 이렇게 두 나라에서는 울며 겨자 먹기 식으로 공동 관리에 들어갔다.

그러던 어느 날이었다. 두 나라에는 사막에 대한 신기한 소문이 들려 왔다.

"이 사막에 나라에 기운을 가져다주는 거대한 바위가 있대요. 그 바위를 찾는 나라는 부자가 되고, 나라에 평화가 가득할 거라네요."

"그래요? 그럼 빨리 찾으러 나서야지!"

두 나라 모두 이 소문을 들어 알고 있었다. 하지만 혹 상대 나라가 눈치챌세라 쉬쉬 하던 차였다. 그리하여 두 나라는 각각 비밀리에 바위를 찾으러 나가게 되었다. 그런데 바위를 먼저 찾은 나라는 데저트 왕국이었다.

"우리 왕국은 이제 부자가 될 거야. 이 바위를 우리 왕국으로 가져갑시다."

데저트 왕국 사람들이 바위를 가지고 돌아서려는 순간 샌드 왕국 사람들과 마주쳤다. 샌드 왕국 사람들의 눈에는 바위 아래가 완전 깎여 훼손된 모습이 보였다. 바위는 흡사 버섯과 비슷한 모양이었다.

"이 신성한 바위를 어떻게 이렇게까지 훼손했을 수가 있어요? 먼저 발견했다고 신물을 이렇게 함부로 해도 되는 건가요?"

"그런 거 아닙니다. 이 바위는 원래 이렇게 생겼다고요! 뭘 모르시면 가만 있죠!!"

데저트 왕국에서 원래 그렇게 생긴 바위였다고 말했지만 도무지 샌드 왕국에서는 믿기질 않았다. 그리하여 결국 샌드 왕국은 데저트 왕국을 바위 훼손죄로 지구법정에 고소했다.

사막에 있는 버섯 바위는 모래나 자갈이 바람에 날리면서 바위의 밑 부분을 깎는 침식 작용에 의해 만들어집니다.

사막에는 버섯 모양의 바위가 있을까요?
지구법정에서 알아봅시다.

🧑‍⚖️ 재판을 시작합니다. 원고측 변호사 변론하세요.

😠 바위가 어떻게 버섯 모양으로 생겼습니까?

이건 틀림없이 데저트 왕국의 누군가가 버섯 모양으로 조각한 게 틀림없습니다. 맞지요? 판사님?

🧑‍⚖️ 그건 나중에 알아봅시다. 피고측 변론하세요.

😀 저는 이번 재판을 위해 사막에서의 풍화에 대한 많은 자료를 들춰 보았습니다.

🧑‍⚖️ 풍화가 뭐요?

😀 바람이 돌을 깎거나 흙을 어디로 날려 보내 쌓이게 하는 걸 말하지요. 유식한 말로 깎는 걸 침식 작용이라고 하고 쌓이게 하는 걸 퇴적 작용이라고 합니다.

🧑‍⚖️ 그럼 이번 사건이 풍화와 관계 있다는 거요?

😀 그렇습니다.

🧑‍⚖️ 어떻게 확신하는 거죠?

😀 사막에서는 버섯 모양의 바위가 많이 발견되니까요. 버섯 바위라고 부르지요.

어떻게 만들어지는 거죠?

바람에 날리는 모래나 자갈 때문에 바위의 밑 부분이 깎여서 버섯 모양이 됩니다. 침식 지형의 일종이지요.

침식 지형의 예가 또 있습니까?

물론입니다. 삼릉석이라는 바위도 있지요.

그건 또 무슨 바위입니까?

사막에서 바람에 의하여 날리는 모래 때문에 세 방향으로 깎인 돌을 말하지요.

별 괴상한 바위가 다 있군!

오아시스도 사막에서 침식 때문에 생긴 지형입니다.

가만 오아시스는 물이 고여 있는 거잖아요?

그 물이 침식 때문에 생겨난 거니까요.

어떻게요?

바람의 침식 작용에 의하여 모래가 파여 지하수면이 지표에 노출된 곳이 바로 오아시스죠.

그럼 퇴적 지형도 있나요?

물론입니다. 사막에는 바람에 날린 모래가 바람이 약한 곳에 쌓여서 만들어진 모래 언덕이 있는데, 이것을 사구라고 하지요. 사구는 한 쪽은 경사가 완만하고 한 쪽은 경사가 급해요. 바람을 받는 쪽은 경사가 완만하고, 그 반대쪽은 경사가 급한 거죠. 사구는 바람이 부는 방향으로 이동하며 커지지요. 내륙

지방의 사막에는 초승달 모양의 사구가 발달하는데, 이것을 바르한이라고 부르지요.

판결은 데저트 왕국의 무죄가 입증된 걸로 하겠습니다. 무엇보다도 사막에서의 풍화로 생긴 신기한 지형에 대해 많이 알게 된 것이 이번 재판의 가장 큰 소득이었어요. 어쓰 변호사, 언제 나랑 사막 구경이나 갑시다.

좋죠.

과학성적 끌어올리기

풍화와 풍화 작용

암석은 단단해서 절대로 변하지 않을 것 같지만, 지표에서 오랜 세월에 걸쳐 비바람을 맞으면 부서져서 작은 돌 조각이 됩니다. 더욱 오랜 세월에 걸쳐 비바람을 맞으면 마침내 흙으로 변하게 되죠? 이와 같이 암석이 지표에서 점차 작게 부서지는 과정을 풍화라고 해요. 암석이 여러 작용에 의해 부서지고 분해되어 작은 돌 조각이나 모래, 진흙으로 변하는 과정을 풍화 작용이라고 합니다.

풍화 작용의 예를 보죠. 오래 된 비석이나 탑을 문질러 보면, 모래와 같은 작은 알갱이가 부서져 떨어집니다. 또 오래 된 비석의 비문에는 흐려서 알아보기 어려운 부분이 있잖아요? 이게 바로 풍화 작용의 예에요. 풍화된 암석의 표면은 광물들이 뚜렷하게 구별되지 않으며, 암석의 신선한 면에 비해 많이 변해 있지요.

풍화 작용은 지표면뿐만 아니라 땅속에서도 일어나죠. 그럼 풍화 작용의 원인에 대해 알아보죠. 암석의 풍화에 가장 큰 영향을 미치는 것은 공기와 물이에요. 그 밖에 식물의 작용, 기온의 변화 등도 풍화에 영향을 주지요. 또한 물리적 힘에 의한 풍화 작용을 기계적 풍화 작용이라고 해요. 암석의 틈에 들어간 물이 얼면 부피가 약 9퍼센트 정도 늘어나게 되는데, 이 때 얼음은 마치 쐐기와 같은 작용을 하여 암석의 틈을 더욱 벌리고, 이러한 과정이 반복되면 암석은 잘게 부서지지요. 식물도 풍화를 일으킬 수 있어요. 암석의 틈 속으로 들어간 식물의 뿌리가 자라면서 바위의 틈을 넓히고 암석을 잘게 부수지요.

그 외에 화학적 풍화 작용이란 것도 있지요. 화학적 풍화 작용은 암석의 성분을 변화시키는 것으로, 온난하고 습윤한 열대 지방이나 해안 지방, 저지대 등에서 활발하게 일어나지요. 산화 작용은 공기 중의 산소가 암석 중의 한 성분과 반응하여 암석의 성분을 녹슬게 하는 작용이고, 용해 작용은 이산화탄소가 녹아 있는 물이 석회암을 쉽게 용해시키는 작용이지요.

토양의 풍화에 대해 알아보죠. 암석이 오랜 세월에 걸쳐 풍화 작용을 받아 잘게 부서지면서 식물이 자랄 수 있는 흙으로 변한 것을 토양이라고 하지요. 토양은 몇 개의 층으로 구분돼요.

1) 표토: 식물이 자라는 맨 위층을 표토라고 하며, 생물의 유해나 부식물로 된 부식토가 포함되어 있어 식물이 잘 자란다.

2) 심토: 표토에서 분해된 물질이 지하수에 섞여 흐르다가 쌓인 층을 심토라고 한다.

3) 모질물: 기반암이 풍화되어 만들어진 자갈과 모래로 된 층을 모질물이라고 한다.

4) 기반암: 풍화되지 않은 암석으로 이루어진 맨 아래층을 기반 암이라고 한다.

바람의 작용

규모가 큰 공기 덩어리가 수평 방향으로 이동하는 것을 바람이라고 하지요. 주로 건조한 사막 지대에서는 바람에 날린 모래가 암석의 표면을 깎거나 다른 곳에 퇴적시키죠. 바람의 작용은 다음과 같이 세 가지예요.

1) 침식 작용: 바람에 의해 직접 물체가 깎이거나, 바람에 날린 모래에 의해 다른 물체가 깎인다.

2) 운반 작용: 바람에 의해 지표면의 모래나 흙이 다른 곳으로 이동된다.

3) 퇴적 작용: 바람이 약해지면 운반되던 물질이 땅에 쌓인다.

지형의 변화 과정

지표에는 산, 들, 강, 바다가 있어서 높고 낮은 곳이 구별되지요? 이렇게 높고 낮은 지표의 모습을 지형이라고 불러요. 지표면은 오랜 세월에 걸쳐 유수, 지하수, 빙하, 해수, 바람 등의 침식과 퇴적 작용으로 평탄해져요. 지표가 평탄해지는 과정은 다음 3단계로 진행돼요.

1) 풍화 작용: 암석이 공기, 물, 생물의 작용 등에 의해 흙으로 변해 간다.

2) 침식 작용: 중력이나 운동에 의한 에너지를 가진 물질이 지표면을 깎는 작용으로, 침식 작용을 주도하는 것은 유수, 빙하, 바람이다.

3) 운반 작용: 침식당한 물질이 낮은 곳으로 이동된다.

4) 퇴적 작용: 유수, 빙하, 바람 등에 의해 운반된 물질이 강, 호수, 바다의 밑바닥에 쌓이게 된다.

평탄해진 지형이 지각 변동으로 융기하면 다시 침식 과정이 되풀이되죠. 이와 같이 지형이 오랜 세월에 걸쳐 평탄화 작용과 융기를 되풀이하면서 순환하는 것을 지형의 순환이라고 불러요. 지형은 초기 단계인 유년기부터 장년기, 노년기, 준평원의 단계를 거치면서 변화하며 순환하지요.

1) **유년기 지형**: 지구 내부의 힘에 의해 지표면이 높아지면, 대지는 곧 침식 작용을 받기 시작한다. 유년기 지형은 침식의 초기 단계로, 평탄한 지대에 부분적으로 V자 모양의 계곡이 있는 지형을 말한다.

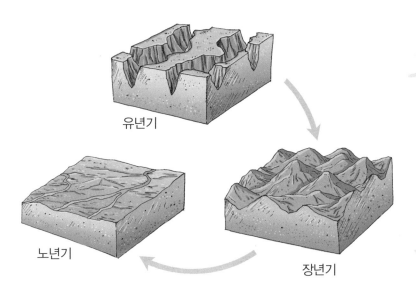

유년기

노년기

장년기

지형의 순환 과정

2) **장년기 지형**: 유년기 지형이 계속 침식을 받아 골짜기가 깊어
지고 산등이 급한 경사가 되는 험준한 지형을 말한다.

3) **노년기 지형**: 장년기 지형이 계속 침식을 받아 높은 곳의 물
질이 모두 침식된 후 운반되어 전체적으로 낮아진 완만한 지
형을 말한다. 노년기 지형에서 지면은 해수면과 거의 비슷하
게 변한다.

물의 작용에 관한 사건

우리 모래사장을 돌려줘!!

해안이 육지 쪽으로 들어온 곳을 뭐라고 부를까요?

우리네 마을은 어디서 봐도 빛이 나는 마을이었다.
전국을 다 둘러보아도 우리네 마을만큼 아름다운
곳은 드물었다.

"우리네 마을 가 봤어? 거기 바다 예술이야."

"나도 한 번 가 보고 싶었는데, 좋아?"

"너 아직 안 가 봤어? 꼭 가 봐. 완소 여행지가 될걸."

이렇게 우리네 마을은 입소문을 타고 하루가 다르게 관광객이
늘어났다. 그럴수록 이 마을 사람들의 자부심은 더욱 커졌다.

마을 사람들은 관광객이 많은 것도 좋지만 그로 인해 마을이 훼

손되는 것에 있어서는 아주 민감했다. 그래서 쓰레기 처리나 환경 오염에 관련하여서는 철저하게 규칙을 지켰다. 매연을 막기 위해 마을 입구에서부터는 자동차에서 내려 마차를 타도록 할 정도였다. 이 마차 덕에 더 인기가 상승하기도 했다.

그러던 어느 날이었다. 정부에서 우리네 마을에 있는 백사장을 매립한다는 발표를 했다. 그 백사장은 우리네 마을에서도 인기가 제일 좋은 곳이었다. 마을 안쪽을 향해 움푹 들어가면서 펼쳐지는 경치가 그만이기 때문이다. 그런데 이번 공사를 통해 땅을 더 튀어나오게 만들어 육지를 넓히기로 한 것이다.

"그렇다면 백사장이 더 넓어지는 건가?"

"땅이 넓어질 테니 편리한 시설도 더 많이 지을 수 있겠군."

"그러게 말이야. 이거 좋은 일 같은걸?"

이렇게 마을 사람들은 공사에 대해 반감을 갖지 않았다.

그런데 몇 달 후, 공사를 마치고 모습을 드러낸 바닷가는 완전히 기대에서 벗어나 있었다.

"이거 뭐야? 백사장이 완전히 사라졌잖아?"

"이래 가지고야 누가 우리 마을을 찾아오겠어?"

아니나 다를까, 여름이면 해수욕을 하러 오던 그 많은 사람들이 확 줄어 버렸다. 우리네 마을 사람들의 상심은 이루 말할 수가 없었다. 정부에서 하는 일이니 어련히 잘 하랴 싶어 두말않고 찬성했는데, 막상 결과가 이렇게 되고 보니 사람들은 할 말을 잃었다. 경제적 손실도 이만저만이 아니었다. 견디다 못한 마을 사람들은 마침내 대책 없이 바다를 매립해 버린 정부를 상대로 고소했다.

해안이 육지 쪽으로 들어온 곳을 만이라고 하며
육지가 바다 쪽으로 돌출된 곳을 곶이라고 부릅니다.

곶과 만은 어떤 차이가 있을까요?
지구법정에서 알아봅시다.

재판을 시작합니다. 먼저 피고측 변론하세요.

정부에서 뭔가 일을 벌이면 국민들이 잘 따라

줘야죠. 자신들의 이익만 챙기려고 이렇게 재

판까지 해서 되겠습니까?

우리네 마을이 무슨 이익을 얻으려고 했단 말이오?

글쎄요? 그건 잘 모르겠는데요.

정말 대책 없는 변호사군! 그럼 원고측 변론하세요.

해안 지형의 침식과 퇴적에 대해 설명해 줄 이바다 박사를 증

인으로 요청합니다.

푸른 제복을 걸쳐 입은 40대의 남자가 증인석에 들어왔다.

증인이 하는 일은 뭐죠?

해안 지형에 대한 연구를 하고 있습니다.

해안 지형이 뭐죠?

이름 그대로 바닷가 지형을 말합니다.

뭐 특징적인 것이라도 있나요?

해안 지형에는 침식 지형과 퇴적 지형이 있습니다.

그게 뭐죠?

바다는 왔다리 갔다리 하면서 강한 해파를 만들어 냅니다. 그 과정에서 깎아 낸 지형을 침식 지형이라고 하지요. 또 바닷물에 실려 운반된 퇴적물이 쌓인 것을 퇴적 지형이라고 합니다.

주로 어떤 것들이 있죠?

침식 지형으로는 해식 동굴, 해식 절벽, 해식 대지, 해안 단구 등이 있고요. 퇴적 지형으로는 퇴적 대지나 해빈이 있어요.

그렇다면 이번 사건에 대해서는 어떻게 생각하지요?

우리네 마을은 원래 만이었습니다.

만이 뭐죠?

해안이 육지 쪽으로 들어온 곳을 말합니다. 반대로 육지가 바다 쪽으로 돌출한 곳은 곶이라고 부르지요.

그런데요?

만은 해파가 약하므로 퇴적 작용이 강하여 모래가 수북이 쌓인 백사장이 생기지요.

그럼 곶은요?

곶은 돌출되어 있는 만큼 해파의 공격을 집중적으로 받으니까 오히려 침식에 의해 깎이게 되지요. 대신 모래는 쌓이기

> **우리나라의 곶과 만**
>
> 우리나라에도 곶과 만이 있습니다. 곶으로는 장산곶, 공단곶, 비파곶, 등산곶, 호미곶 등이 있으며, 만으로는 광량만, 서한만, 대동만, 해주만, 강화만, 영흥만, 함흥만 등이 있습니다.

힘들어요.

 바로 그 문제였군요. 판사님, 이제 결론을 내려 주세요.

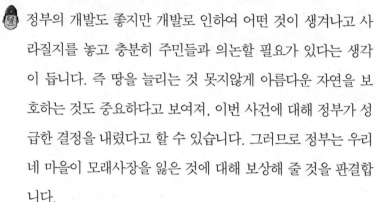 정부의 개발도 좋지만 개발로 인하여 어떤 것이 생겨나고 사라질지를 놓고 충분히 주민들과 의논할 필요가 있다는 생각이 듭니다. 즉 땅을 늘리는 것 못지않게 아름다운 자연을 보호하는 것도 중요하다고 보여져, 이번 사건에 대해 정부가 성급한 결정을 내렸다고 할 수 있습니다. 그러므로 정부는 우리네 마을이 모래사장을 잃은 것에 대해 보상해 줄 것을 판결합니다.

사라진 물

사라진 물은 어디로 갔을까요?

저녁 식사 시간, 보글보글 먹음직스럽게 끓어오르는 된장찌개를 가운데 놓고 외골수 씨의 가족이 둘러앉았다. 막 식사를 시작하려는 찰나, 외골수 씨가 폭탄 선언을 했다.

"어머니, 아버지. 드릴 말씀이 있어요. 오늘 회사에 사표 냈습니다."

"뭐라고?"

"본격적으로 물에 관한 연구를 시작하기 위해 회사를 그만둘 수밖에 없었어요."

우수 사원 표창을 받을 정도로 성실한 사원이었던 외골수 씨는 얼마 전 방영된 '물'이라는 다큐멘터리를 본 뒤, 물 전문 연구자가 되기로 결심했던 것이다. 원래 한 번 마음먹은 일은 그대로 밀고 나가는 성격인 외골수 씨는 미련 없이 회사에 사표를 던지고 집에 틀어박혀 물에 관한 연구를 시작했다.

외골수 씨가 물 연구에 매달린 지 서너 달이 지난 어느 여름 날, 어머니께서 방문을 벌컥 열며 잔소리 공격을 퍼붓기 시작했다.

"아이고 이 녀석아, 아침 먹자마자 방구석에 처박혀 또 물이 어쩌고저쩌고 하는 책만 들여다보고 있냐? 내가 너만 보면 속이 터진다, 터져."

어머니의 잔소리에 풀이 죽은 외골수 씨는 읽고 있던 책을 주섬주섬 챙겨서 집 밖으로 나왔다. 뜨거운 태양이 내리쬐는 거리를 터벅터벅 걸어가던 외골수 씨는 갑자기 우울한 생각이 들었다.

'크흑, 가족들조차 물 연구에 대한 나의 열정을 제대로 알아 주지 않다니…… 기분 전환이나 할 겸 오랜만에 출렁강에 가서 강바람이나 좀 쐬고 와야겠다.'

외골수 씨는 버스표를 산 뒤, 출렁강으로 갔다. 그런데 이게 어찌된 일인지, 넘실넘실거리던 강물은 온데간데없이 사라지고 거북이 등처럼 쩍쩍 갈라진 강바닥이 드러나 있었다. 깜짝 놀란 외골수 씨가 지나가던 아저씨에게 물어보니 연일 무더위가 계속되는 바람에 강물이 말라 버렸기 때문이라는 거였다.

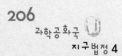

"언제나 강물이 출렁거리던 출렁강이 마르다니…… 그렇다면 강물이 마르기 전에 이곳에 가득했던 물은 지구상에서 완전히 사라지고 말았다는 이야기가 되겠군. 이건 획기적인 논문감이야! 아저씨 감사합니다."

외골수 씨는 어리둥절해하는 아저씨를 뒤로 한 채 쏜살같이 집으로 되돌아갔다. 그러고는 곧바로 〈지구의 물이 점점 줄어들고 있다〉라는 제목의 논문을 쓰기 시작했다. 며칠 동안 방에만 틀어박혀 논문을 쓰는 데 열중한 외골수 씨는 일주일 만에 엄청난 분량의 논문을 완성했다.

'이 논문은 내 인생 최고의 걸작이 될 거야.'

외골수 씨는 감격에 겨워 눈물을 글썽거리며 아무나 학회에 논문을 발표했다.

"과학공화국 시민 여러분, 우리 주위에 있는 강들이 말라 가고, 바닷물도 계속 증발하고 있어요. 빨래를 하거나 그릇을 씻고 난 뒤, 옷이나 그릇에 묻어 있던 물들도 온데간데없이 사라지고 맙니다. 이 모든 현상들은 지금 우리가 살고 있는 지구의 물이 점점 줄어들고 있다는 것을 말해 주고 있습니다. 모두들 제 논문을 읽어 봐 주십시오."

외골수 씨의 논문은 엄청난 파장을 몰고 왔다. 수많은 사람들이 물이 줄어든다는 것에 위기감을 느껴 우왕좌왕했고, 몇몇 사람들은 과학공화국 대통령 궁으로 몰려가 대책 마련을 촉구하기도 했다. 각 방송사나 신문사에서도 외골수 씨의 논문을 중요하게 다루었다.

며칠 새 과학공화국에서 가장 주목받는 유명 인사가 된 외골수 씨에게 어느 날 참과학 학회라는 협회에서 보낸 한 통의 우편물이 배달되었다.

우리 참과학 학회는 지구의 물이 점점 줄어들고 있다는 허무맹랑한 논문으로 과학공화국 시민들을 혼란에 빠지게 한 외골수 씨를 과학 유언비어 살포죄로 고소합니다. 외골수 씨는 당장 지구법정에 출두하세요.

"뭐라고? 내가 과학 유언비어 살포죄를 저질렀다니, 말도 안 돼!"

외골수 씨는 자신의 논문이 잘못 되었을 리가 없다는 것을 증명하기 위해 법정에 출두하기로 결심했다.

지구에 있는 물은 형태를 바꾸면서 지구를 순환하지만
물의 양에는 변함이 없습니다.

여기는 지구법정

물이 증발하면 사라질까요?
지구법정에서 알아봅시다.

🎓 피고측 변론하세요.

😀 물이 줄어드는 것은 사실입니다. 얼마 전에
제가 라면을 끓이려고 냄비를 불에 올렸는
데, 그만 너무 오래 두었더니 물이 줄어들었어요. 그러니까
줄어든 만큼 물이 사라진 거죠? 어때요? 이 정도면 완벽한 논
리죠?

🎓 그걸 논리라고! 원고측 변론하세요.

😎 물 순환 연구소의 물도라 박사를 증인으로 요청합니다.

요란한 무늬의 티셔츠를 입은 30대 남자가 증인석으로
들어왔다.

😀 증인이 하는 일은 뭐죠?

😀 물의 순환 과정에 대한 연구를 하고 있습니다.

😎 물이 순환한다는 것은 물의 양이 일정하게 유지된다는 뜻인
가요?

😀 그렇습니다. 자연계에 존재하는 물의 상태를 크게 셋으로

나누면 대기 중의 물인 수증기와 이것이 응축한 구름·안 개·비·눈 그리고 지표수인 하천·호수·해수·지하수로 나눌 수 있지요. 이들 물의 양은 일정한 것이 아니라 항상 변하지요.

왜 변하나요?

바다나 호수의 물이 증발되어 수증기가 되고, 공기 중에 있는 수증기는 위로 올라가 물방울로 변해 구름이 되었다가 다시 비가 되어 떨어집니다. 이렇게 물이 돌고 돌아 지구의 물의 양은 변하지 않는 거죠.

좀 더 자세하게 설명해 주시겠습니까?

대기 중의 수증기는 냉각되면 과포화 상태가 되어 구름이 되고, 비·눈·싸락눈·우박·진눈깨비 등이 되어 지표에 내리죠. 비·눈 등 지표에 내리는 물을 총칭하여 강수라 하며 이 중에서 비·눈을 각각 강우·강설이라 합니다.

강수와 강우가 다른 뜻이었군요.

그렇습니다. 강수와 강우가 같은 뜻으로 사용되는 일이 많은 이유는 강수의 대부분이 강우의 형태로 지상에 내리기 때문 이지요.

그럼 강수는 어디로 가나요?

강수의 일부는 지표수가 되어 하천을 통하여, 호수, 바다로 흘러들어 갑니다. 그리고 다른 일부의 강수는 땅속으로 들어

가 지하수가 되지요. 지표수의 표면으로부터는 끊임없이 물
이 증발하고 있으며, 또 땅속으로 들어간 물도 식물을 통하거
나 흙의 모세관 작용에 의하여 지표에 올라와 증발하여, 다시
대기 중의 수증기로 바뀌게 되지요.

완전히 돌고 돌아 제자리군요.

그래서 물의 순환이라고 하지요.

그럼 게임은 끝난 것 같군요. 그렇죠? 판사님!

그런 것 같아요. 물이 돌고 돌아 지구의 물의 양이 항상 일정
하게 유지된다는 것은 정말 아름다운 일이에요. 앞으로는 논

문을 발표할 때 과학자들이 좀 더 신중을 기했으면 하는 것이
이번 재판이 우리에게 준 교훈입니다.

폭포 래프팅

래프팅은 강의 어느 부분에서 해야 안전하게 즐길 수 있을까요?

사건속으로

"오늘 스타 인터뷰의 주인공은 2년 만에 새로운 음반을 발표한 과학공화국 최고의 스타 나얼짱 군입니다."

"여러분 안녕하세요, 나얼짱입니다."

"이번 음반의 타이틀 곡 제목이 '이상형'이라고 하던데요, 실제로 나얼짱 군은 어떤 스타일의 여성을 좋아하세요?"

"음, 저와 함께 래프팅을 즐길 수 있는 사람이라면 좋겠어요."

"함께 래프팅을 즐길 수 있는 사람이라. 역시 만능 스포츠맨다운 대답이네요."

그간 이상형을 묻는 질문에 단 한 번도 대답을 하지 않았던 나얼짱 군이 자기와 함께 래프팅을 즐길 수 있는 여성이 좋다고 하자 과학공화국의 수많은 여성들이 래프팅을 배우기 위해 몰려들었다. 나얼짱 군의 열혈 팬 양송이 양도 예외는 아니었다.

"엄마, 저 래프팅하러 가려고 하는데 돈 좀 주세요."

"물이라면 질색을 하는 네가 래프팅을 한다고?"

"우리 나얼짱 오빠가 같이 래프팅을 할 수 있는 여자가 좋다고 해서요."

"뭐야, 그래서 래프팅을 배우겠다고?"

"아이~ 엄마~."

콧소리 섞인 애교 작전으로 엄마를 설득하는 데 성공한 양송이 양은 곧장 래프팅 회사를 찾아갔다.

"짜릿짜릿 래프팅 회사입니다. 무엇을 도와드릴까요?"

"아, 저기 래프팅을 배우려고 하는데요."

"그럼 이쪽으로 오세요."

양송이 양은 짜릿짜릿 래프팅 회사 직원의 안내를 받아 상담실로 들어갔다. 래프팅을 하는 풍경을 담은 사진들이 덕지덕지 붙어 있는 상담실에는 양송이 양 또래로 보이는 10대 소녀들이 몇 명 더 앉아 있었다.

"여러분 안녕하세요, 저희 짜릿짜릿 래프팅 회사는 언제나 다른 래프팅 회사와 차별화된 서비스를 제공하고 있습니다. 지금 여기

계신 여러분들 중에서 래프팅이 처음이신 분 손들어 보세요."

양송이 양은 물론 상담실에 있는 모든 사람들이 하나 둘 손을 들었다.

"음, 모두 초보자이시군요. 보통 처음 래프팅을 하는 분들께는 초보용 코스를 권하는데, 그건 아주아주 시시해요. 그래서 저희 짜릿짜릿 래프팅 회사에서는 초보자들도 신나고 스릴 있는 래프팅을 할 수 있게 새로운 프로그램을 준비했답니다. 바로 익스트림 래프팅이에요."

"익스트림 래프팅이 뭔가요?"

"후훗, 말 그대로 아주 신나고 짜릿한 래프팅에요. 오직 짜릿짜릿 래프팅 회사에서만 제공하는 특별 프로그램입니다. 직접 해 보시면 금방 이해할 수 있을 겁니다. 자, 모두들 참가비를 내시고 래프팅 장소로 출발합시다."

짜릿짜릿 래프팅 회사 직원은 양송이 양을 비롯한 상담실에 있던 사람들을 모두 데리고 래프팅 장소인 쌩쌩강의 상류에 도착했다.

"자, 모두들 구명조끼를 입으시고 배에 타십시오."

"물살이 너무 센 것 같은데, 괜찮을까요?"

양송이 양이 걱정스러운 표정으로 묻자 짜릿짜릿 래프팅 회사 직원은 아무 문제 없을 거라며 호언장담했다.

하지만 배가 출발한 지 10분도 채 되지 않아 사고가 발생했다. 과학공화국에서도 물살이 세기로 유명한 쌩쌩강의 물줄기가 래프팅 배를 공격하기 시작한 것이다.

"꺄~ 사람 살려!"

"아이고, 나 죽네!"

양송이 양이 타고 있던 배는 거센 물살에 이리저리 휩쓸리다가 결국 폭포 아래로 떨어졌고, 배에 타고 있던 모든 사람이 부상을 입고 병원에 실려 갔다. 병원에서 의식을 찾은 양송이 양은 자신이 다친 것은 익스트림 래프팅 때문이라며 짜릿짜릿 래프팅 회사를 지구법정에 고소했다.

강의 상류는 경사가 급해 물살이 빠르므로
래프팅을 하기에는 매우 위험합니다.

래프팅은 강의 어느 부분에서 하는 것이 안전할까요?

지구법정에서 알아봅시다.

재판을 시작합니다. 먼저 피고측 변론하세요.

래프팅을 하다 보면 물살이 빠른 곳도 있고 느린 곳도 있는 법입니다. 스릴 있는 걸 원하는 사람은 폭포로 내려가는 래프팅도 타고 싶을 거예요. 안 그렇습니까? 판사님!

거 말도 안 되는 소리 작작 하세요. 누가 폭포로 떨어지는 래프팅을 탄단 말이요?

하긴 폭포는 좀 심한 것 같군요.

원고측 변론하세요.

강물 연구소의 이개천 박사를 증인으로 요청합니다.

마른 체구에 날카로운 눈빛의 30대 남자가 증인석에 들어왔다.

증인이 하는 일이 뭐죠?

강물에 대한 연구입니다.

강물이야 산에서 내려와 흐르는 건데 뭐 연구할 게 있습니까?

모르시는 말씀입니다. 강물은 연구할 게 아주 많지요.

구체적으로 말씀해 주시죠?

강물은 지형을 변화시키는 작용을 합니다.

어떤 작용이죠?

세 가지 작용을 하지요. 강물이 빨리 흘러 땅을 깎아 내는 걸 침식 작용이라고 하고, 강물이 자갈과 모래와 진흙을 높은 곳에서 낮은 곳으로 이동시키는 작용을 운반 작용이라고 하지요. 그리고 강물의 속도가 느려져 운반된 자갈과 모래와 진흙이 쌓이는 것을 퇴적 작용이라고 합니다. 이 세 가지를 강물의 3대 작용이라고 합니다.

그 작용들 때문에 지형이 변하는 건가요?

그렇습니다. 상류는 험한 산 속의 강물이죠. 경사가 급해 물살이 아주 빠르고 폭포도 많아요. 이곳은 강의 단면이 V자 모양이에요.

그건 왜죠?

상류의 경사가 급하기 때문에 물살이 빨리 흘러서 바닥을 마구 깎아 버리기 때문이지요. 그래서 강물의 단면이 V자 모양인데 이곳을 V자곡이라고 불러요. 그러니까 강의 상류는 무거운 바위도 강물에 떠내려 갈 정도로 물살이 빠르죠.

그럼 상류에서는 래프팅을 하면 안 되겠군요?

매우 위험하지요. 물살이 빨라서 급류에 배가 아주 빠르게 떠내려가니까요. 그리고 폭포도 많고요.

그럼 래프팅은 주로 어디서 타나요?

강물이 느려지는 중류에서 래프팅을 타기에 좋지요.

그렇군요. 그렇다면 상류에서 래프팅을 강행한 회사가 무식한 범죄를 저지른 셈이군요. 그렇죠? 판사님?

어쓰 변호사의 말에 전적으로 동의해요. 아무리 스릴도 좋지만 그렇게 물살이 빠른 곳에서 래프팅을 하다니. 레저는 어디까지나 즐겁자고 하는 거지 목숨을 담보로 하는 게임은 아니잖아요? 그런 의미에서 래프팅 회사는 이번 래프팅으로 부상을 당한 사람들에게 정신적 육체적 위자료를 지급할 것을 판결합니다.

숲을 없애면 안 되는 이유

숲을 '녹색 댐'이라고 부르는 이유는 뭘까요?

사건속으로

과학공화국에 웰빙 바람이 불기 시작하면서 사람들
의 생활에 커다란 변화가 일어났다. 인스턴트 음식
이나 패스트푸드를 즐겨 먹던 사람들이 유기농 채
소를 비롯한 건강 식품을 찾기 시작했고, 화학 섬유가 아닌 천연 섬
유로 만든 옷과 침구류를 구입했다. 각종 스포츠 센터도 운동을 하
려는 사람들로 문전성시를 이루었다. 급기야 어떤 사람들은 좀 더
깨끗한 물과 공기를 찾아 도시를 떠나 시골로 이사를 가기도 했다.

 탁월한 사업 수단을 자랑하는 아파트 건설업자 막지어 씨가 이
런 기회를 놓칠 리 없었다.

"물 좋고 공기 좋은 시골로 사람들이 이사를 가고 있단 말이지. 시골에다 아파트를 지으면 큰 인기를 끌 수 있겠어. 후후."

시골에 아파트를 짓기로 결심한 막지어 씨는 이곳저곳을 돌아다니며 본격적인 장소 물색에 나섰다.

"오늘은 초록 마을을 조사해 볼 차례군."

막지어 씨는 자동차를 타고 과학공화국 제일의 도시인 사이언스시티에서 그리 멀지 않은 곳에 있는 초록 마을로 갔다. 아담한 크기의 초록 마을은 비교적 개발이 덜 된 소박한 마을이었다.

"음, 사인언스시티에서 자동차로 1시간 거리니 직장인들이 출퇴근하기에도 안성맞춤이군. 게다가 아직 땅값도 저렴하고 말이야. 좋아, 이곳으로 결정해야겠어!"

초록 마을에 대규모 아파트를 짓기로 결심한 막지어 씨는 마을 이장을 찾아갔다.

"이장님, 저는 아파트 건설업을 하고 있는 막지어입니다. 이 마을에 아무것도 지어지지 않은 아주 넓은 빈 공터가 있던데 저한테 파시지요. 제가 그 곳에 아파트를 짓겠습니다."

"우리 마을에 아파트를 짓는다고요?"

"네, 그렇습니다. 아파트를 지으면 많은 사람들이 이사를 올 것이고, 초록 마을도 크게 발전을 할 것입니다."

"아파트를 지으면 마을이 발전한다고요? 음…… 좋습니다. 공터를 당신에게 팔겠소."

"그리고 이 마을 저수지 근처에 숲이 하나 있던데, 그것도 제게 파시죠. 숲에 있는 나무를 베어 내고 저수지를 따라 도는 인라인 및 자전거 도로와 피크닉 공원을 만들면 아파트가 더 인기를 끌 수 있을 겁니다."

"하, 하지만 숲을 없앤다는 건 좀⋯⋯."

"다 마을의 발전을 위해서예요. 자, 여기 계약서가 있으니 사인하십시오."

막지어 씨는 막무가내로 계약서를 내밀어 이장님의 사인을 받아 냈다.

며칠 뒤, 막지어 씨가 덩치 큰 일꾼들을 데리고 초록 마을에 나타났다.

"자, 아파트를 짓기 전에 우선 피크닉 공원을 만들어야 하니 이 거추장스러운 숲을 당장 없애 버리도록 하시오."

위이잉-.

한 일꾼이 전기톱을 나무에 갖다 대려는 순간 누군가 소리쳤다.

"당장 그만둬요!"

녹색 머리띠를 두른 한 사람이 막지어 씨 앞으로 성큼성큼 다가섰다.

"우리는 초록 마을 환경 보호 단체입니다. 이 숲은 마을 전체의 재산이에요. 그러니 이 숲을 없애는 짓은 그만두세요."

"난 마을 이장에게 돈을 주고 이 숲을 샀소. 그러니 이 숲은 당연

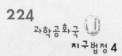

히 내 것이오. 내 것을 내 마음대로 하겠다는데 당신이 무슨 상관이오?"

"당신이 막무가내로 이장님의 사인을 받아 낸 거잖아요. 여기 당신이 이장님에게 숲을 팔라고 내밀었던 돈이에요. 자, 받아요."

"필요 없소. 공원을 만들지 않으면 내 계획에 차질이 생긴단 말이오. 그렇게 되면 내가 얼마나 큰 손해를 입게 되는지 당신이 알기나 해요? 공원과 인라인 및 자전거 도로를 만들면 얼마나 비싼 값을 받고 팔 수 있는데."

막지어 씨가 숲을 없애겠다는 입장을 굽히지 않자 초록 마을 환경 보호 단체는 결국 지구법정에 도움을 요청했다.

숲은 광합성 작용을 통해 우리가 숨 쉴 수 있는 산소를
만들어 주고, 대기 중의 이산화탄소를 흡수해
공기를 정화시켜 줍니다. 또한 빗물을 흡수하여 하천으로
방출시킴으로써 홍수와 가뭄의 피해를 줄여 줍니다.

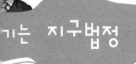

숲은 우리에게 어떤 도움을 줄까요?
지구법정에서 알아봅시다.

재판을 시작합니다. 먼저 막지어 씨측 변호인 변론하세요.

숲이야 여기저기 많은데 한 군데 쯤 없어진다고 뭐가 달라집니까? 사람들 모두에게 아름다운 산책로를 만들어 주기 위해 숲을 없애자는 거 아닙니까? 판사님, 막지어 씨에게 공사를 하게 해 줍시다.

지치 변호사! 막지어 씨에게 뭐 받은 거 있어요?

그, 그런 건…… 없어…… 요…….

지치 변호사의 얼굴이 갑자기 빨개졌다.

그럼 원고측 변론하세요.

환경 연구소의 지키미 박사를 증인으로 요청합니다.

머리가 긴 20대의 얼짱 남자가 증인석으로 걸어 들어왔다.

숲을 반드시 지켜야 할 필요가 있나요?

물론이죠.

그 이유는 뭐죠?

요즘 계곡은 비가 조금만 쏟아져도 순식간에 물이 용솟음치며 둑을 넘어올 듯하다가도, 비가 그치기가 무섭게 물의 양이 줄어들지요.

그것과 숲과 무슨 관계가 있나요?

산에 심어 놓은 숲을 마구 파괴했기 때문에 생긴 현상이에요. 울창하게 우거진 숲은 엄청난 물을 머금고 있는 천연의 댐이죠. 잘 관리된 숲과 토양은 빗물을 빨아들여 저장했다가 서서히 밖으로 내보내는 신비한 힘을 가지고 있어요.

또 숲이 꼭 있어야 할 이유가 있나요?

숲은 여러 가지로 우리에게 이로운 일을 하지요. 비가 왔을 때 홍수도 막아 주고, 가물었을 땐 물이 끊기지 않게 하며, 또 정화시킨 지하수를 제공하기도 합니다. 이러한 숲의 기능, 또는 산림 자체를 가리켜 '녹색 댐'이라고 한답니다. 만약 녹색 댐이 제 기능을 못할 경우에는 사람들이 막대한 노력을 들여 만들어 놓은 기존의 인공 댐까지 나쁜 영향을 미치게 됩니다.

그건 왜죠?

엄청난 양의 흙탕물이 밀려 내려오고, 그 흙덩이들이 결국 인공 댐까지 밀려가서 바닥에 쌓이기 때문이에요. 댐 바닥이 높아지면 댐은 구실을 하지 못하고 폐기되지요.

허허…… 숲이 아주 중요하군요.

그렇습니다.

판사님! 이래도 막지어 씨에게 숲을 없애게 할 건 가요?

큰일날 소리요. 숲이 이렇게 소중한 걸 알았으니 막지어 씨의
사업은 허용하지 않는 것으로 결정하겠습니다. 숲, 숲, 숲을
지킵시다. 여러분!

특별한 물, 지하수

지하수는 겨울에 지표수보다 따뜻할까요, 차가울까요?

아름다운 자연 경관을 자랑하는 넘버원시티는 과
학공화국 최고의 관광 도시다. 봄에 개최되는 '봄
내음 축제'는 이웃 나라에까지 소문이 나 있을 정
도이고, 여름에는 시원한 계곡에서 수영을 하기 위해 엄청난 인파
가 몰려들었다. 가을과 겨울에 열리는 '알록달록 단풍 축제'와 '쑹
쑹 눈썰매 축제'도 인기 만점이었다.

뿐만 아니라 넘버원시티는 역사적으로 중요한 유적지도 보유하
고 있었다. 과학공화국의 시조인 슬기왕검과 관련된 유적지나 고
대 철기 국가인 물상 왕국의 도성 등 의미 있는 유적지가 많아 학

생들의 수학여행 장소로도 인기가 아주 높았다.

이처럼 과학공화국 제일의 관광 도시로 명성을 떨치던 넘버원시티에 어느 날 예기치 못한 위기가 닥쳤다. 엄청난 위력을 가진 거대한 태풍이 넘버원시티를 덮친 것이다.

휘이익…… 콰르릉…….

사흘이나 계속된 태풍은 넘버원 시티를 쑥대밭으로 만들어 버렸다. 봄내음 축제가 열리는 화원은 들꽃들이 모두 뿌리째 뽑혀 폐허가 되어 버렸고, 알록달록 단풍 축제가 열리는 산에 있는 나무들도 모두 부러졌다. 넘버원시티 주민들은 망연자실하여 엉망이 되어 버린 화원과 산자락을 바라보았다.

"세상에, 이를 어쩌면 좋아. 이걸 예전과 같은 상태로 복구하려면 적어도 몇 년은 걸릴 텐데…… 봄내음 축제와 알록달록 단풍 축제는 이제 끝장이로구나."

넘버원시티의 가장 큰 자랑거리였던 축제가 열리지 않자 넘버원시티를 찾는 관광객의 수도 점점 줄어들었다.

이렇게 되자 넘버원시티의 호텔들은 손님을 한 명이라도 더 끌어들이기 위해 다양한 이벤트를 준비했다. 손님들에게 꽃다발과 기념품을 증정했고, 무료로 자동차를 빌려 주거나 식사를 무료로 제공하기도 했다. 이처럼 각 호텔들이 다양한 이벤트를 준비했지만, 손님은 좀처럼 늘어나지 않았다. 넘버원시티에서 20년 간 자리를 지켜 온 어서와 호텔도 마찬가지였다.

"에휴, 무료로 밥까지 준다는데도 지난 주부터 손님이 한 명도 들어오지 않는다니…… 이러다 망하는 거 아닌지 모르겠네."

어서와 호텔의 왕사장이 땅이 꺼져라 한숨을 쉬고 있는데, 전화벨이 울렸다.

"네, 최고의 서비스를 제공하는 어서와 호텔입니다."

"왕사장, 자네 그 소식 들었어?"

"무슨 소식 말인가?"

"요즘 넘버원시티에 있는 모든 호텔들이 손님이 없어 파리만 날리고 있지 않은가. 그런데 슬기왕검 유적지 근처에 있는 신비물 호텔은 손님들이 넘쳐난다는구먼."

어서와 호텔의 왕사장은 황급히 전화를 끊고는 신비물 호텔로 달려갔다. 과연 봉사장의 말대로 신비물 호텔 로비는 손님들로 북적거리고 있었다.

'밥도 공짜가 아니고, 손님들에게 선물을 주는 것도 아닌데 이 호텔에 손님들이 몰리는 이유가 뭐지?

왕사장은 옆에 있는 손님에게 슬쩍 말을 걸었다.

"넘버원시티에는 밥을 공짜로 주는 호텔도 있는데 굳이 이 호텔로 오신 이유가 뭐예요?"

그러자 그 손님은 왕사장에게 '신비물 호텔의 물은 겨울에 데우지 않아도 따뜻합니다'라고 쓰인 신비물 호텔의 홍보 전단지를 보여 주며 말했다.

"데우지 않아도 물이 따뜻하다니 신기하잖아요."

"말도 안 돼!"

흥분한 왕사장은 당장 신비물 호텔의 사장에게 달려가 따져 물었다.

"내가 넘버원시티에서 20년 동안 호텔업을 해 왔지만, 온천도 아닌데 데우지 않아도 따뜻한 물이 나온다는 이야기는 들어 본 적이 없소. 손님을 끌어들이기 위해 그런 치사한 거짓말을 하다니……."

"아, 아닙니다. 저는 거짓말을 한 적이 없어요. 저희 신비물 호텔의 물은 정말 겨울엔 따뜻하고 여름엔 시원해요."

"시끄러워요. 그런 허무맹랑한 거짓말로 내 손님들을 다 빼앗아 가다니, 용서하지 않겠소!"

왕사장은 신비물 호텔이 거짓말을 해 자신들의 손님을 빼앗아 갔다며 지구법정에 고소했다.

땅속은 땅 위와는 달리 물의 온도 변화가 심하지 않고 거의
일정하지요. 땅속의 지하수는 계절의 영향을 크게 받지 않으므로
겨울에 지표 위의 물이 차가워지는 것에 비해
따뜻하게 느껴지는 것입니다.

지하수 온도의 비밀을 알아볼까요?
지구법정에서 알아봅시다.

🎖️ 재판을 시작합니다. 먼저 원고측 변론하
세요.

😠 물이 다 똑같지? 마법의 물도 아니고 어떻
게 여름에는 시원하고 겨울에는 따뜻할 수 있어요? 이건 사기
에요, 사기. 말도 안 되는 일이죠. 변론할 가치도 없어요. 신비
물은 무슨 신비물? 사기물이라면 모를까?

🎖️ 지치 변호사. 진정하세요. 그럼 피고측 변론하세요.

😀 저는 신비물 호텔의 수질 담당인 이땅물 과장을 증인으로 요
청합니다. 신비물 호텔에서는 어떤 물을 사용하지요?

😃 아주 깊은 땅속에서 끌어올린 우물물을 사용합니다.

😀 그렇군요. 그럼 우물물이 다른 물보다 좋은 점이 있나요?

😃 물론입니다. 우물물은 땅 속에 있잖아요?

😀 물론이지요.

😃 땅속은 땅 위와 달라서 온도의 변화가 심하지 않아요. 그래서
물의 온도가 일정하지요. 그래서 다른 곳의 물은 겨울에 차가
워지지만 우물물 온도는 여름, 겨울 모두 같지요. 겨울이 되
면 개구리나 뱀이 땅속에서 겨울잠을 자는 것도 그런 이유 때

문이지요.

아하! 그래서 겨울에 따뜻하게 느껴지는 거군요.

그렇습니다.

그럼 우물물도 어나요?

아주 깊은 우물 속의 물은 잘 얼지 않아요. 하지만 퍼서 밖에 내놓으면 금방 얼어 버리지요.

존경하는 재판장님. 신비물 호텔은 우물물을 사용하므로 겨울에도 온도가 일정해 다른 호텔의 물보다 온도가 높다는 것이 입증되었습니다. 그러므로 왕사장을 무고죄로 처벌해 줄 것을 부탁드립니다.

그래야겠어요. 확실하게 알아보지도 않고 상대방을 비난하는 게 제일 나쁜 행동이지요. 왕사장은 신비물 호텔에 가서 당장 사과하세요. 이상으로 재판을 마칩니다.

지하수

지하수는 지표수에 대한 지하에 있는 물을 일컫지만 단지 지하에 있는 물을 모두 지하수라고 하지는 않습니다. 지하의 자갈 · 모래 · 점토나 이들의 혼합물로 이루어진 미고결된 암석에는 고결된 암석보다 틈새가 많아 다량의 지하수를 함유하고 있는데, 보통의 지하수는 이를 뜻합니다. 지하 깊은 곳의 마그마에서 생성된 처녀수나 암석 중의 결정수와는 구별되지요.

강물의 작용

강물은 침식, 운반, 퇴적 작용을 하면서 지표면을 평탄하게 하죠. 강의 상류는 유속이 빨라 침식 작용이 활발하며, 강의 하류는 유속이 느려 퇴적 작용이 활발하답니다.

1) **침식 작용**: 지표를 깎는 작용을 침식 작용이라고 하며, 유수의 양이 많고 속도가 빠른 상류로 갈수록 활발하게 나타난다.

2) **운반 작용**: 깎인 물질이 여러 가지 요인에 의해 낮은 곳으로 이동되는 작용을 운반 작용이라고 하며, 유수의 양이 많은 중류에서 잘 일어난다.

3) **퇴적 작용**: 높은 곳에서 운반되어 온 물질이 낮은 곳에 쌓이는 작용을 퇴적 작용이라고 하며, 유수의 속도가 느린 하류로 갈수록 활발하게 나타난다.

유수의 작용에 의한 지형

상류 지형은 경사가 급해서 물의 흐름이 빠르기 때문에 침식 작용이 활발하고 V자곡, 선상지, 폭포, 암반 노출 등의 지형이 생기죠.

1) V자곡: 계곡의 바닥이 깊게 패이고, 양쪽은 급경사의 절벽을 이루어 단면이 V자 모양인 계곡을 형성한다.

2) 선상지: 산지와 평지가 이어지는 경계에서 갑자기 유수의 흐름이 느려져서 상류로부터 운반되어 온 자갈, 모래, 진흙 등이 쌓여서 부채꼴 모양의 퇴적 분지를 형성한다. 선상지에 쌓이는 퇴적물은 주로 모가 난 자갈이나 굵은 모래 등인데, 입자의 크기나 밀도에 따라 잘 나누어져 있지 않다.

3) 기타 지형: 암반 노출, 폭포 등.

하류 지형은 경사가 완만해서 물의 흐름이 약하기 때문에 운반 작용과 퇴적 작용이 강해요. 곡류, 우각호, 삼각주 등의 지형이 생기죠. 곡류는 강물이 평지를 흐르는 동안 물의 흐름이 느려서 장애물에 의해 구불구불하게 흐르는 물줄기를 말하죠. 곡류에서의 침식과 퇴적은 어떻게 일어날까요? 물줄기의 바깥쪽은 유속이 빠르므로 침식 작용이 활발하고, 안쪽은 유속이 느리므로 퇴적 작용이 활발하지요.

시간이 흐르면서 강줄기는 형태도 변하고 위치도 점차 하류 쪽으로 이동하지요. 이래서 생기는 것이 우각호와 삼각주인데 우각

호는 물줄기의 흐름이 바뀔 때 곡류였던 부분이 분리되어 생기는

쇠뿔 모양의 호수를 말하지요. 또한 강의 하구에서 유속이 느려져

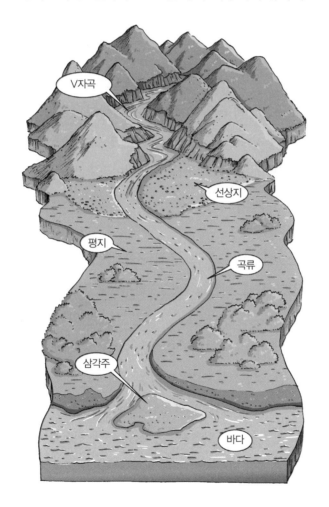

물줄기가 갈라지고 퇴적물이 삼각형 모양으로 쌓인 지형이 생기는데 이를 삼각주라고 부르지요.

삼각주는 어떻게 생길까요? 강의 하구에서 유속이 느려지면 강물에 운반되어 온 물질들이 퇴적되고, 물줄기가 여러 갈래로 갈라져서 삼각주가 형성되지요. 삼각주의 예로는 낙동강 하구, 미시시피강 하구, 나일강 하구 등을 예로 들 수 있어요.

또한 홍수가 지나간 후 운반되어 온 물질이 바닥에 쌓여 생성된 넓은 퇴적 지형이 생기는데, 이를 범람원이라고 부르죠.

지하수의 작용

지하로 스며든 물은 지하의 흙이나 암석의 틈을 지나서 더 낮은 곳으로 이동하는데, 이러한 물을 지하수라고 하지요. 빗물, 냇물, 강물 등 지표의 물이 땅속으로 스며든 지하수는 약한 산성을 띤 탄산수지요. 지하수는 흐르면서 땅 속을 통과하는 동안 주위의 물질을 용해, 운반, 침전시킴으로써 지형을 변화시키죠.

지하수에 의해 형성되는 대표적인 지형으로는 석회 동굴이 있어요. 석회암의 주성분인 탄산칼슘은 묽은 산과 반응하여 녹으면서 이산화탄소 기체를 발생시키는데, 이산화탄소를 포함하고 있는 물이 석회암 지대에 스며들면 석회암을 녹여서 탄산수소칼슘을 만들죠. 탄산수소칼슘은 물에 잘 녹기 때문에 석회암 지대의 틈을 넓혀 석회 동굴을 만들지요. 석회 동굴의 내부는 석회암에 생긴 틈을 따라 스며든 지하수가 석회암을 녹여서 석회암 동굴 천장에 이르러 물방울이 되지요. 그래서 생겨난 것들은 다음과 같은 것들이지요.

1) 종유석: 석회 동굴의 천장에 고드름 모양으로 매달린 돌을 말한다.
2) 석순: 석회 동굴의 바닥에 죽순처럼 돋아 있는 돌을 말한다.
3) 석주: 종유석과 석순이 맞붙어서 생긴 기둥 모양의 돌을 말한다.

또한 석회 동굴이 지하수의 작용으로 무너져서 지표가 우묵하게 들어간 지형을 돌리네라고 하고 석회암 지대에서 석회 동굴이 무너져서 만들어진 돌리네가 많은 지형을 카르스트 지형이라고 불러요.

해수의 작용
파도가 해안의 암석에 부딪치면서 암석을 깎아 내고 바다의 밑

바닥을 평탄하게 만드는 것을 해수의 침식 작용(해식 작용)이라고 불러요.

그리고 부서진 알갱이는 파도에 의해 운반되어 파도가 약한 곳에 퇴적되는데 이것을 해수의 운반, 퇴적 작용이라고 부르지요.

해수의 침식 작용에 의한 지형은 다음과 같은 것들이 있어요.

1) 해식 동굴: 해안의 암석에 있는 틈이나 약한 부분이 파도에

해식 절벽

바다

해식 동굴

해식 대지

퇴적 대지

의해 침식 작용을 받아 생긴 동굴을 말한다.

2) 해식 절벽: 해식 동굴의 윗부분이 무너져 내려 생긴 바닷가의 절벽을 말한다.

3) 해식 대지: 해식 작용으로 얕은 해저가 평평하게 깎여서 생긴 대지를 말한다.

4) 해안 단구: 해안에 생긴 계단형 언덕을 말하며, 해안 단구는 지반의 융기와 해식 작용으로 인하여 생긴 것이다.

해수의 퇴적 작용에 의한 지형은 다음과 같은 것들이 있어요.

1) 퇴적 대지: 침식 작용에 의해 깎인 암석 조각이 해식 대지의 기슭에 운반되어 쌓인 지형을 말한다.

2) 해빈: 해식 작용으로 깎인 물질이 해식 절벽 밑에 쌓인 지형을 말한다.

바다에서 일고 있는 풍랑, 너울을 해파라고 해요. 해파는 바람, 지진, 화산 폭발 등이 원인이 되어 생긴 파도이지요.

그럼 해파는 어떤 지형을 만들까요? 오랜 세월을 지나는 동안 침식, 운반, 퇴적 작용이 일어나서 들쑥날쑥하던 해안선은 점차 반듯해지지요. 그래서 만들어지는 지형은 다음과 같아요.

1) 곶: 일반적으로 육지가 바다 쪽으로 돌출한 곶은 해파의 공격을 더 많이 받게 되므로 침식 작용이 빠르게 일어난다.

2) 만: 해안이 육지 쪽으로 들어온 만은 해파가 약하므로 퇴적 작용이 강하여 해안선은 점차 단조로워지고, 모래가 쌓인 백사장이 생긴다.

빙하의 작용

극지방이나 고산 지대의 눈이 굳어져 생긴 얼음 덩어리가 중력에 의해 서서히 낮은 곳으로 이동하는 것을 빙하라고 하죠. 극지방과 높은 산에 내린 눈은 두껍게 쌓이므로, 먼저 쌓인 눈은 나중에 쌓인 눈에 의해 다져져 얼음으로 변해 있다가 빙하를 이루지요. 빙하는 두께가 수천 미터에 이르는 것도 있어요.

빙하는 어떤 작용을 할까요? 빙하는 흘러내리는 동안 바닥의 흙이나 암석을 뜯어내며, 뜯어낸 암석들은 바닥이나 벽을 더욱 심하게 깎으면서 빙하와 함께 운반되므로, 오랜 세월에 걸쳐 낮은 곳으

로 이동하며 침식, 운반, 퇴적 작용을 하지요.

빙하의 작용에 의한 지형으로는 다음과 같은 것들이 있어요.

1) U자곡: 빙하가 이동할 때 바닥이 침식되어 생긴 U자형 골짜기를 말한다. U자곡은 바닥이 넓고 양측면이 길고 완만하다.

2) 혼: 빙하의 침식 작용을 받아 칼날처럼 날카롭게 침식된 산봉우리를 말한다. 혼은 히말라야 산맥, 알프스 산맥 등에서 볼 수 있다.

3) 피오르드: U자곡이 침강하여 생긴 좁고 긴 만을 말한다.

4) 서크: 빙하의 침식 작용으로 산꼭대기 부근에 생긴 웅덩이 모양의 지형을 말하며, 카르라고도 한다.

5) 빙퇴석: 빙하가 하류에서 녹을 때, 빙하에 의해 운반되어 온 물질이 빙하 말단에 퇴적된 것을 말한다.

6) 빙식호: 빙하가 이동할 때 지면이 깊게 파인 우묵한 곳에 빙하의 녹은 물이 고여서 만들어진 호수를 말한다.

지구과학과 친해지세요

이 책을 쓰면서 좀 고민이 되었습니다. 과연 누구를 위해 이 책을 쓸 것인지 난감했거든요. 처음에는 대학생과 성인을 대상으로 쓰려고 했습니다. 그러다 생각을 바꾸었습니다. 지구과학과 관련된 생활 속의 사건이 초등학생과 중학생에게도 흥미 있을 거라는 생각에서였지요.

초등학생과 중학생은 앞으로 우리나라가 21세기 선진국으로 발전하기 위해 필요로 하는 과학 꿈나무들입니다. 우리가 살고 있는 지구는 기후 온난화 문제, 소행성 문제, 오존층 문제 등 많은 문제를 지니고 있습니다. 하지만 지금의 지구과학 교육은 논리보다는 단순히 기계적으로 공식을 외워 문제를 푸는 방식이 성행하고 있습니다. 과연 우리나라에서 베게너 같은 위대한 지구과학자가 나올 수 있을까 하는 의문이 들 정도로 심각한 상황에 놓여 있습니다.

저는 부족하지만 생활 속의 지구과학을 학생 여러분들의 눈높이에 맞추고 싶었습니다. 지구과학은 먼 곳에 있는 것이 아니라 우리 주변에 있다는 것을 알리고 싶었습니다. 지구과학 공부는 우리 주변의 관찰에서 시작됩니다. 올바른 관찰은 지구의 문제를 정확하게 해결할 수 있도록 도와 줄 수 있기 때문입니다.